L.-J. TRONCET

Le Jardin
d'agrément

JE SÈME À TOUT VENT

PARIS — LIBRAIRIE LAROUSSE.

LE

JARDIN D'AGRÉMENT

DEUXIÈME ÉDITION

BIBLIOTHÈQUE RURALE

Vient de paraître :

L'OUTILLAGE AGRICOLE

PAR

H. DE GRAFFIGNY

Un volume in-8°, illustré de 240 gravures, broché, 2 francs.

Cet ouvrage présente sous une forme analytique tous les instruments en usage maintenant dans l'agriculture ; le lecteur y trouvera réunies, sous une forme claire et précise, les connaissances essentielles que tout agriculteur soucieux de ses intérêts doit posséder sur l'outillage de la ferme moderne.

LE

JARDIN D'AGRÉMENT

DEUXIÈME ÉDITION

LE
JARDIN D'AGRÉMENT

Par L.-J. TRONCET

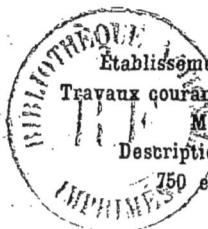

Établissement d'un jardin d'agrément — Travaux préparatoires
Travaux courants de jardinage — Corbeilles — Parterres — Plates-bandes
Mosaïculture — Gazons — Ennemis des fleurs
Description et culture des fleurs et arbustes de nos jardins
750 espèces — Calendrier des semis et plantations

OUVRAGE ILLUSTRÉ
DE 150 GRAVURES EN NOIR ET EN COULEURS

PARIS
LIBRAIRIE LAROUSSE
17, rue Montparnasse, 17
SUCCURSALE : Rue des Écoles, 58 (Sorbonne)

—

PRÉFACE

Dans la BIBLIOTHÈQUE RURALE *de la librairie Larousse, nous avons déjà publié deux volumes :* l'Arboriculture pratique *et le* Jardin potager. *A ces deux premiers livres, qui traitent la culture des arbres fruitiers et celle des plantes potagères, nous devions ajouter celui-ci :* le Jardin *d'agrément, dans lequel nous nous occupons de la culture des plantes destinées à orner ou agrémenter les jardins.*

Dans la première partie de cet ouvrage, nous examinons les travaux préparatoires à l'établissement d'un jardin d'agrément, les diverses opérations culturales et les travaux courants de jardinage.

Dans la seconde, nous passons successivement en revue les principales plantes propres à l'ornementation des jardins, et nous indiquons la manière de cultiver chacune d'elles. Ces plantes sont étudiées à leur ordre alphabétique, et lorsqu'on les connaît sous différents noms, nous faisons des renvois pour les appellations les plus usitées.

En appendice, nous terminons par un calendrier des semis et plantations, des listes des plantes employées en bordure et en mosaïculture, et une nomenclature des espèces grimpantes.

Comme dans nos précédents ouvrages, M. D. Bois a eu l'amabilité de nous aider de ses conseils. MM. Vilmorin-Andrieux et Cie nous ont autorisé à puiser dans leurs superbes collections de *gravures tout ce qui a pu nous être utile. Nous reproduisons, en outre, un certain nombre de plantes photographiées en pleine floraison par M. J. Druillet.*

Enfin, nous avons parcouru soigneusement les écrits des meilleurs auteurs parmi lesquels nous devons citer : Courtois-Gérard, Decaisne, Du Breuil, Gressent, Hocquart, Naudin, Noisette, Vilmorin-Andrieux et Cie.

Nous présentons ainsi à nos lecteurs un livre d'un prix très modique, simplement écrit, luxueusement édité, et que chacun peut comprendre sans posséder la moindre notion d'horticulture.

L.-J. TRONCET.

LE JARDIN D'AGRÉMENT

PREMIÈRE PARTIE

CULTURE DES FLEURS

CHAPITRE PREMIER

ÉTABLISSEMENT D'UN JARDIN D'AGRÉMENT

L'objet de la culture des fleurs est de rendre l'habitation plus attrayante, non seulement par la vue des corbeilles et des massifs où s'harmonisent des couleurs variées, mais encore par la présence des oiseaux qui deviennent les familiers du jardin d'agrément.

Pendant la belle saison, c'est dans le jardin d'agrément que se réunissent aux heures de repos les hôtes de la maison. En hiver, lorsque les plantes ne fleurissent plus qu'en serre ou dans les appartements, les arbustes à feuillage persistant du jardin apportent encore une note d'un charme particulier, bien qu'un peu sévère.

Il est indispensable d'avoir toujours dans le jardin de l'eau à sa disposition; lorsqu'une rivière le traverse ou en forme la limite, les arrosages sont faciles et l'aspect en est plus agréable.

Exposition.

En France, l'exposition qui convient le mieux au jardin d'agrément est généralement celle du midi. La plupart des fleurs, en effet, ont besoin de chaleur et de lumière pour croître convenablement; quant à celles qui réclament de l'ombre, elles sont en petit nombre et, dans un jardin exposé au sud, on peut les cultiver à l'ombre des murs ou des arbres.

Si l'on a un jardin situé au nord, on conçoit aisément qu'il sera difficile d'y cultiver les plantes qui ont besoin de soleil pour se développer normalement; on choisira de préférence celles qui peuvent acquérir toute leur vigueur et toute leur beauté sans recevoir directement les rayons solaires; telles sont : les Bégonias, la Pervenche, la Véronique, les Fuchsias, les Héliotropes, etc.

Clôtures.

Les murs sont assurément les clôtures les plus parfaites; ils abritent les cultures contre le vent et constituent, en outre, un excellent moyen de protection. La hauteur qu'on leur donne est généralement de 2 mètres; le seul inconvénient qu'on puisse leur reprocher est le prix de revient de leur construction, relativement élevé.

Les haies vives, assez fréquemment employées, sont loin d'offrir les mêmes avantages; elles donnent asile à de nombreux insectes et animaux nuisibles dont il est fort difficile d'arrêter les dégâts, et, d'autre part, comme elles empruntent au sol ses principes nutritifs, celui-ci ne donne que des fleurs chétives dans leur voisinage. On peut employer pour former des haies : l'Aubépine, le Charme, l'Épine-vinette, le Houx, le Noisetier, l'Orme, le Troène, etc.

On utilise fréquemment aussi les clôtures de bois, les treillages en fil de fer; mais ce sont là des moyens de protection très imparfaits, n'opposant à l'action du vent qu'une faible résistance.

Nature du sol.

Les éléments constitutifs du sol sont au nombre de trois : l'argile, la silice et le calcaire. Lorsque ces trois éléments sont mélangés en proportions convenables, le terrain est facile à travailler et on le désigne sous le nom de sol meuble. La terre est dite forte lorsque l'argile est en quantité plus considérable ; elle est dite légère lorsque la silice ou le calcaire est en excès.

Les moins favorables à la culture des fleurs sont les terrains argileux et les terrains calcaires ; néanmoins on peut faire produire toutes les terres si l'on a soin de les amender, c'est-à-dire d'ajouter une certaine quantité de l'élément manquant, du sable, par exemple, aux sols argileux, de l'argile aux terrains calcaires.

On peut encore employer, pour fertiliser les terres, des amendements formés par la décomposition de matières végétales ou animales. Nous reviendrons sur cette question au sujet des engrais.

Travaux préparatoires.

Lorsque, sur un terrain neuf, on veut établir un jardin d'agrément, on pratique auparavant quelques opérations destinées à préparer le sol qu'on veut mettre en culture.

Le labour, qu'on exécute sur toute l'étendue du terrain, se fait à la bêche, sur une profondeur de 25 à 30 centimètres. Avant de l'effectuer on arrache, s'il y a lieu, toutes les mauvaises herbes, qu'on met en tas pour les brûler. Leurs cendres, répandues sur le sol après l'opération, agiront comme principe fertilisant. En labourant le jardin, il faut avoir soin de retirer les pierres et les cailloux qui serviront dans la suite à empierrer les allées. Après le labour on égalise la surface du sol à l'aide du râteau.

La terre étant bien ameublie par un labour, il s'agit de la répartir convenablement. Pour cela, on commence par tracer sur le papier un plan du jardin où l'on marque l'emplacement des allées, des plates-bandes, des parterres, des corbeilles et des massifs. Généralement on détermine une allée qui fait tout le tour de l'enclos et située à 2 ou 3 mètres des murs; elle aura elle-même 1 mètre environ de largeur. Les bandes de terre qui se trouvent entre cette allée et les clôtures sont appelées *côtières*.

Les corbeilles sont presque toujours placées au milieu du jardin, car c'est là qu'elles peuvent produire le meilleur effet. On leur donne ordinairement la forme d'un cercle ou d'une ellipse, dont on détermine les contours à l'aide du cordeau.

Pour tracer une ellipse avec le cordeau, on mène d'abord le grand axe A B, sur lequel on détermine deux points, F et F', également éloignés du point O, milieu de A B et d'autant plus rapprochés qu'on veut donner à la corbeille une largeur plus grande. Aux points F et F' on plante les piquets du cordeau et on laisse à la corde comprise entre eux une longueur égale à celle de A B. Avec un plantoir ou un bâton qu'on met dans le pli de cette corde on décrit, en tendant celle-ci, la courbe qui limitera la corbeille comme l'indique la figure ci-contre.

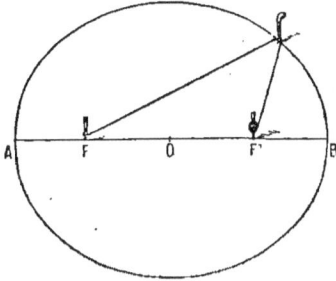

Tracé d'une ellipse au cordeau.

Le tracé du jardin étant exécuté sur le terrain, la terre des allées est enlevée sur 5 ou 6 centimètres de profondeur, puis portée sur les corbeilles qu'on surélève en forme de dôme. Les plates-bandes sont elles-mêmes exhaussées de quelques centimètres et les allées, après avoir été empierrées et fortement tassées, sont recouvertes d'une couche de 3 à 4 centimètres de sable fin.

Lorsque ce travail est entièrement terminé, on s'occupe de limiter les plates-bandes à l'aide de bordures qui ajoutent à l'effet et servent à maintenir les fleurs. Les bordures les plus répandues sont en fer ; il en existe de hauteurs différentes, ce qui permet d'en employer de plus ou moins grandes, suivant qu'on les destine à encadrer des plantes plus ou moins élevées.

La forme des bordures est très variable. Le modèle le plus simple est celui que représente la bordure numéro 1. Il se compose de demi-cercles qui s'entre-croisent et dont on enfonce les deux extrémités dans le sol ; on attache ensuite les arceaux les uns aux autres à l'aide d'un fil de fer. Une couleur sombre imitant l'écorce du bois est celle qui convient le mieux aux bordures de ce genre.

Les modèles représentés par les numéros 2 et 3 sont construits en gros fil de fer ; ils réunissent à la solidité l'avantage d'une

forme simple et élégante; ils ont généralement 20 centimètres
de hauteur; on les emploie pour les petites fleurs.

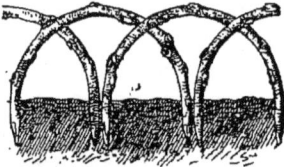

Bordure n° 1.

Bordure n° 2.

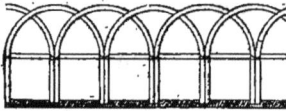

Bordure n° 3.

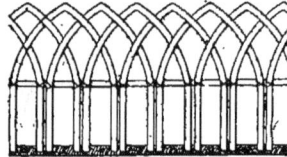

Bordure n° 4.

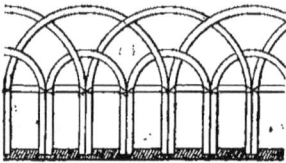

Bordure n° 5.

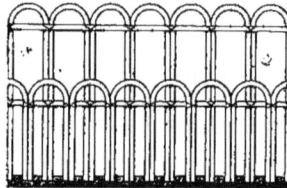

Bordure n° 6.

Pour les plantes un peu plus élevées, on se sert de bordures
telles que celles que représentent les numéros 4 et 5,
et qui ont 30 centimètres de hauteur.

Le modèle représenté par le numéro 6 a une hauteur
de 60 centimètres; il convient bien pour entourer les
massifs d'arbustes.

Toutes les bordures dont nous venons de parler, sauf
la première, se fixent à l'aide de fiches qu'on enfonce
dans le sol en les accrochant à la traverse inférieure.

Fiche.

Il existe ainsi une infinité de bordures; les plus simples sont
en général celles qui produisent le meilleur effet.

On trouve aujourd'hui, dans le commerce, des bordures de jardin en porcelaine ; nous n'en recommanderons pas l'emploi, car elles manquent de solidité, et les tons froids qu'on leur donne forment un contraste peu agréable avec les feuilles et les fleurs.

On emploie fréquemment encore, pour encadrer les plates-bandes et les corbeilles, des bordures de plantes souvent préférables aux bordures de fer peint. Un assez grand nombre de fleurs et d'arbrisseaux peuvent être utilisés de cette manière, et comme il n'y a qu'à choisir, on peut toujours trouver une bordure en harmonie avec les plantes qu'elle doit entourer. Selon les cas on préférera des plantes vivaces telles que l'Alysse Corbeille-d'argent, l'Alysse Corbeille-d'or, le Buis, le Fraisier, le Gazon d'Olympe ou Statice Arméria, la Marguerite vivace, l'Œillet Mignardise, le Thym, la Violette, ou des plantes annuelles comme la Julienne de Mahon, les Lobélias, le Myosotis des Alpes, les Pétunias, le Pied-d'Alouette nain, le Silène à fruits pendants, les Tagètes, etc.

CHAPITRE II

LES ENGRAIS

Pour obtenir des plantes vigoureuses, quelle que soit d'ailleurs la nature du terrain où on les cultive, il est nécessaire de recourir aux matières fertilisantes, autrement dit aux engrais. Les engrais ont pour but de restituer au sol les principes nutritifs qu'on lui enlève par la culture. On peut les lui fournir sous forme de fumier, de paillis, de terreau ou d'engrais chimiques.

Fumier.

Les déjections des animaux domestiques fournissent une grande partie du fumier qu'on emploie pour la culture des fleurs. Le fumier de cheval surtout est très utilisé, car il dégage, pendant sa fermentation, de la chaleur que l'on met à profit pour favoriser la croissance de certaines plantes. Le fumier des bestiaux s'emploie généralement lorsqu'il est à moitié consommé ; mélangé au sol, en automne, par un labour, il constitue un engrais des plus actifs.

Au nombre des engrais très efficaces, citons aussi : le fumier des poules ou poulinée, celui de pigeons ou colombine, le guano, qui sont répandus en arrosages après avoir été délayés dans l'eau à raison de 4 kilogrammes par 100 litres, le purin, qui se verse aussi par arrosages, la boue des villes ou gadoue, les plantes marines telles que le varech, les râpures d'os, le tourteau de colza et, en un mot, tous les résidus organiques.

Paillis.

On désigne sous le nom de paillis une couche de litière courte à moitié consommée, que l'on place sur le sol soit pour favoriser la germination des graines, soit pour empêcher l'évaporation de l'eau et éviter, par suite, d'arroser aussi fréquemment.

Le paillis doit avoir 4 à 5 centimètres d'épaisseur ; on emploie généralement pour le former du fumier provenant d'anciennes couches, que l'on répand à la fourche aussi uniformément que possible. Chaque année, en automne, le paillis est incorporé au sol par un labour, et les principes nutritifs qui n'ont pas été entraînés précédemment dans la terre par les arrosages agissent à leur tour comme matières fertilisantes.

Terreau.

On appelle terreau le fumier arrivé à son dernier degré de décomposition. La plus grande partie du terreau employé dans la culture des fleurs provient de couches dont le fumier est entièrement décomposé. On peut encore en obtenir par un procédé des plus simples et des plus économiques. Il suffit, en effet, de réserver dans le jardin un petit emplacement où sont jetés les épluchures de légumes, les vieilles feuilles, les herbes sèches, les chiffons, les cendres, qu'on arrose avec les eaux ménagères. Lorsque le tout est entièrement décomposé, on peut l'employer pour fertiliser le sol.

Il faut avoir soin de ne pas jeter telles sur le fumier les plantes portant des graines mûres, car elles donneraient naissance à des sujets inutiles qui emprunteraient leur nourriture à la masse. On devra donc les brûler et répandre ensuite leurs cendres sur le terreau.

Comme le tas de fumier n'a pas un aspect très agréable, on fera bien de le placer dans un coin du potager. Si pour quelque motif on préfère qu'il soit dans le jardin d'agrément, il sera bon de l'entourer d'un massif d'arbustes afin de le dérober à la vue.

Engrais chimiques.

On appelle engrais chimiques, engrais complémentaires ou engrais minéraux, des engrais qui, comme leurs noms l'indiquent, sont formés de substances minérales, et dont la fonction est de compléter les engrais organiques.

Pour se développer normalement, les plantes ont besoin de quatre sortes de substances nutritives qui sont : l'azote, l'acide phosphorique, la potasse et la chaux ; de là quatre espèces d'engrais minéraux : les engrais azotés, les engrais phosphatés, les engrais potassiques et les engrais calcaires.

Les principaux engrais azotés sont :

Le sulfate d'ammoniaque, le nitrate ou azotate de soude, le nitrate ou azotate de potasse, qui est à la fois un engrais azoté et un engrais potassique.

Les principaux engrais phosphatés sont :

Le phosphate de chaux, la poudre d'os, les os dont on a tiré la gélatine, le noir animal ayant servi à raffiner le sucre.

Les engrais potassiques les plus employés sont :

Le chlorure de potassium, le sulfate de potassium, les cendres de végétaux, les résidus de la fabrication du sucre et de la distillation des betteraves.

Les engrais calcaires les plus usités sont :

La chaux, que l'on n'emploie guère que tous les dix ans, et qu'il faut éviter de mélanger au fumier dont elle met l'ammoniaque en liberté; on l'utilise en faisant des petits tas qui sont ensuite recouverts de terre; la marne, mélange de carbonate de chaux et d'argile, qu'on emploie comme la chaux; le plâtre ou sulfate de chaux.

Selon que les plantes qu'on veut cultiver réclament une plus ou moins grande quantité de tel ou tel élément, on fournit cet élément au sol en lui donnant plus ou moins des engrais qui le contiennent. Pour un terrain épuisé par une longue suite de cultures, on emploie des engrais complets, c'est-à-dire des mélanges contenant tous les principes nutritifs nécessaires à la vie des plantes. On trouve chez les marchands de produits chimiques des engrais complets tout préparés, qu'il ne reste plus qu'à mélanger intimement à la terre épuisée par une longue suite de cultures.

CHAPITRE III

INSTRUMENTS DE JARDINAGE

Nous ne nous occuperons pas ici des nombreux instruments qui ont été imaginés dans le but de faciliter les travaux horticoles et dont la plupart, pour être employés utilement, réclament une certaine habileté que l'on n'acquiert que par la pratique. Nous nous bornerons à étudier successivement les divers outils qui sont d'un maniement facile et d'un usage courant.

L'*arrosoir* peut être en zinc, en fer-blanc, en cuivre jaune ou en cuivre rouge. On donne ordinairement la préférence aux arrosoirs en cuivre rouge, qui sont les plus durables. Les arrosoirs ont une capacité de 10 litres environ; ils sont munis d'une pomme mobile percée d'un très grand nombre de petits trous.

La *bêche*, dont la forme et les dimensions varient suivant les régions, sert à exécuter les labours. Elle se compose d'une lame plate en acier trempé, munie d'une douille dans laquelle est enfoncé le manche.

La *pioche* est employée pour les défoncements et les labours profonds ; elle est très utile pour travailler les sols durs ou pierreux qu'on ne pourrait entamer avec un autre instrument.

La *houe* sert à remuer la terre et à trancher les mauvaises herbes. Elle est formée d'une large lame munie d'une douille recourbée dans laquelle pénètre le manche.

La *binette*, qui peut affecter diverses formes, est employée comme la houe pour trancher les mauvaises herbes et remuer la terre, afin d'ameublir la partie superficielle et permettre à l'air de pénétrer dans le sol ; elle porte une lame tranchante d'un côté et deux longues dents de l'autre.

La *serfouette* est une sorte de petite binette dont la lame, tranchante d'un côté, ne porte de l'autre qu'une seule dent élargie vers le milieu ; on l'emploie pour biner ou pour tracer les rayons ou les limites des allées, en suivant le trait indiqué par le cordeau.

La *fourche à dents plates* sert, comme la bêche, à labourer, mais on l'emploie surtout pour des travaux spéciaux : par exemple, pour remuer la terre au pied des arbustes, opération que la bêche ne pourrait exécuter sans blesser les racines. Les dents sont au nombre de deux ou trois.

La *fourche ordinaire* est composée de deux ou trois grandes dents légèrement courbées, réunies à un manche par une douille ; elle sert à charger le fumier, faire les couches, briser les mottes de terre, herser les semis, etc.

Le *râteau* est utilisé pour épierrer, nettoyer les allées, unir le sol après le labour et herser les semis. Le râteau peut être en bois avec des dents de fer, ou entièrement en fer.

La *ratissoire,* qui sert à sarcler et à ratisser les allées, présente deux types : la *ratissoire à pousser* et la *ratissoire à tirer ;* la douille de cette dernière est recourbée pour permettre de ramener à soi l'instrument.

Les *pelles* sont de formes et de dimensions très variables ; elles peuvent être en bois ou en fer et servent à charger et à décharger la terre, le fumier, etc.

La *brouette* affecte diverses formes. On se sert de brouettes à

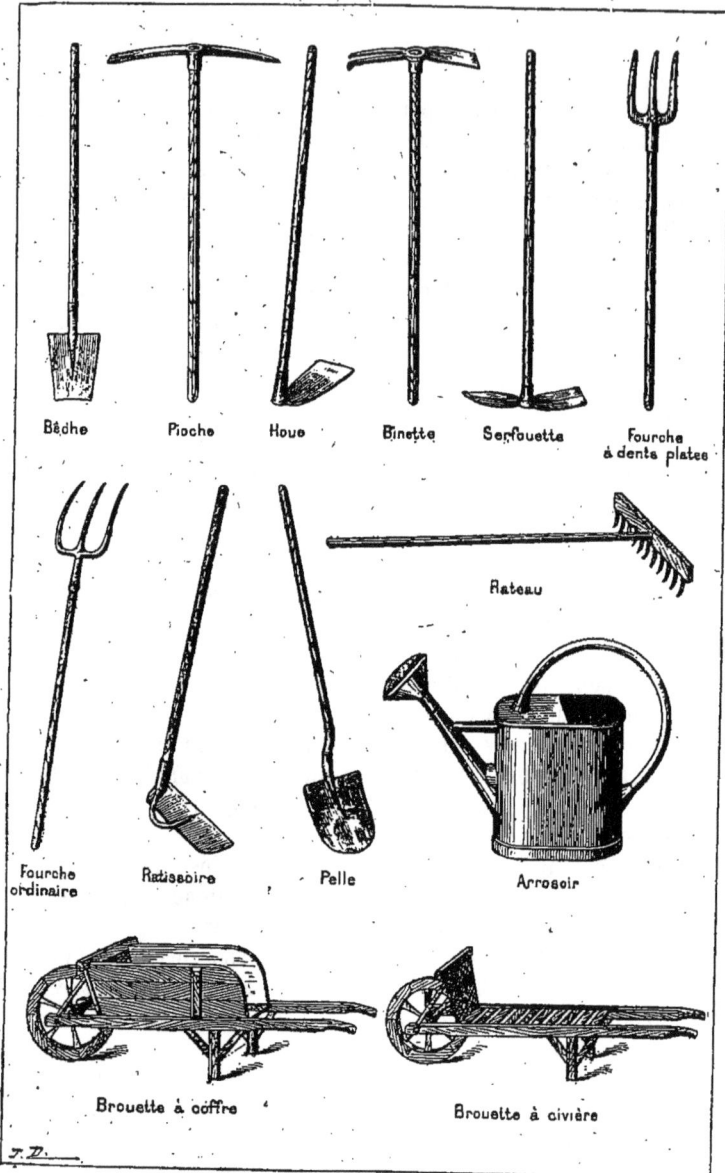

Bêche   Pioche   Houe   Binette   Serfouette   Fourche à dents plates

Rateau

Fourche ordinaire   Ratissoire   Pelle   Arrosoir

Brouette à coffre   Brouette à civière

coffre portant deux côtés pour retenir la charge, et de brouettes à civière dont le fond est formé de barres transversales. Les premières servent à transporter la terre et les engrais; les secondes peuvent porter des charges plus encombrantes, telles que des paillassons, des arrosoirs remplis d'eau, etc.

Le *déplantoir* se compose essentiellement d'une large lame recourbée en forme de demi-cylindre; il sert à tirer du sol, sans froisser les racines, les jeunes plants qu'on veut transplanter.

Le *plantoir*, fréquemment employé dans les semis et les repiquages, est un simple morceau de bois fusiforme de 20 à 30 centimètres de longueur. Son extrémité peut être garnie de fer ou de cuivre.

Le *cordeau* est principalement utilisé pour tracer les allées et les sentiers, et dessiner les rayons des semis. Il est facile de le construire soi-même en attachant à deux piquets les extrémités d'une corde ayant une quarantaine de mètres de longueur.

Les *châssis*, destinés à abriter les plantes trop délicates pour supporter le plein air, sont formés de deux parties principales : le *coffre* et les *panneaux*. Le coffre est une sorte de caisse sans fond qui soutient les panneaux vitrés, de façon à ce que ceux-ci soient légèrement inclinés. Le modèle le plus usité porte trois panneaux ; sa longueur est de 4 mètres; sa largeur de 1^m,33; sa hauteur de 33 centimètres en arrière et de 26 centimètres en avant. Les panneaux sont des cadres de bois ou de fer de 1^m,33 de largeur sur 1^m,36 de longueur, divisés par les traverses auxquelles sont fixées les vitres.

Les *paillassons*, formés de paille de seigle, sont en général un peu plus grands que les châssis sur lesquels on les étend. Beaucoup d'horticulteurs les construisent eux-mêmes. Placés directement sur le sol, ils préservent les graines et les jeunes plants de la gelée.

Les *cloches* servent au même usage que les châssis; on distingue les *verrines* ou *cloches à facettes* et les *cloches maraîchères*, les plus communément employées aujourd'hui. Les premières sont formées d'une petite charpente en fer qui porte des vitres plates; elles coûtent beaucoup plus cher que les secondes et laissent arriver à la plante moins de chaleur et de lumière. Les cloches maraîchères les plus usitées sont en verre incolore et mesurent 0^m,40

Châssis

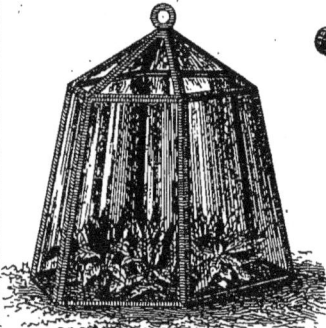

Plantoir

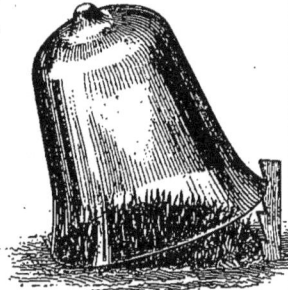

Cloche à facettes

Cloche maraîchère et Crémaillère

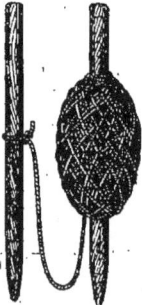

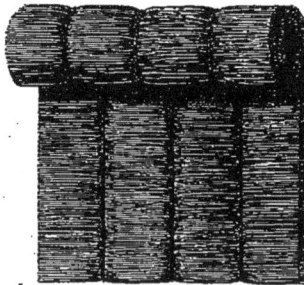

Déplantoir

Cordeau

Paillasson

de diamètre ; lorsqu'elles viennent à se fendre sans pour cela devenir inutilisables, on peut essayer de les réparer avec du blanc de céruse. Quand on ne veut plus s'en servir, on les place les unes dans les autres en intercalant un peu de paille.

La *crémaillère* est formée par une latte dans laquelle on pratique un certain nombre de crans ; elle sert à soutenir le bord de la cloche au-dessus du sol, afin que l'air puisse pénétrer jusqu'à la plante. Lorsqu'on veut que la cloche soit soulevée de tous les côtés, on la maintient au moyen de trois crémaillères.

CHAPITRE IV

MODES DE REPRODUCTION

Les divers procédés auxquels l'horticulteur peut avoir recours pour multiplier les plantes sont le semis, la bouture, la marcotte et la greffe [1].

Le semis, qui peut convenir à presque toutes les espèces, est le mode de reproduction le plus simple et le plus naturel ; il donne des sujets vigoureux, mais il arrive souvent que ces sujets présentent quelques différences avec les plantes dont ils sont issus. Au reste, cela ne doit pas être considéré comme un inconvénient, car il en résulte que le semis permet d'obtenir des variétés nouvelles.

La bouture, la marcotte et la greffe, au contraire, reproduisent jusqu'aux moindres caractères de la plante mère ; il y aura donc avantage, lorsque cela sera possible, à employer ces modes de multiplication pour conserver les variétés.

---

1. Nous ne traitons pas ici les autres modes de reproduction, tels que division des touffes, séparation des caïeux, plantation des bulbilles et tubercules, etc., dont il sera parlé dans notre seconde partie.

Semis.

Les semis se font en pleine terre ou sur couche, suivant que les plantes ont besoin pour germer d'une plus ou moins grande quantité de chaleur. La plupart des plantes annuelles sont semées sur couche, ce qui hâte leur germination et, par suite, l'époque de l'épanouissement de leurs fleurs. Le semis en pots exécuté dans une serre ou dans une salle chaude permet aussi d'avancer la floraison.

C'est ordinairement en mars que sont semées les plantes annuelles ; les plantes bisannuelles peuvent être semées dans le courant de mai ou de juin ; les plantes vivaces, pendant les mois de juin et de juillet; certaines plantes annuelles, assez rustiques pour supporter les gelées, vers le mois de septembre ; enfin quelques graines qui perdent rapidement leur faculté germinative doivent être confiées à la terre aussitôt qu'elles sont mûres.

Semis à la volée. — Le semis à la volée consiste à prendre les graines par pincées et à les répandre aussi uniformément que possible sur le terrain à ensemencer. Lorsqu'on sème sur une plate-bande, on se place successivement sur deux côtés opposés, et l'on jette la graine de manière à ne garnir chaque fois que la moitié de la planche. Par ce moyen, on évite de lancer de la semence dans les sentiers.

Lorsqu'on est à peu près certain de la qualité de sa graine, on doit avoir soin de semer clair, afin de laisser aux plants qui se développeront la place nécessaire à leur croissance.

Pour éviter de semer trop épais, on peut mélanger un peu de sable fin à la graine.

Après le semis, on herse le sol à l'aide du râteau ou de la fourche, afin de recouvrir les graines, ou encore on répand sur le tout une légère couche de terreau ; on *plombe* ensuite, c'est-à-dire qu'on foule le sol soit avec une planche, soit avec le dos de la pelle ou du râteau. En règle générale plus la graine est fine moins il faut la recouvrir.

S'il y a lieu on donne un léger arrosage à la pomme.

Lorsqu'on a semé sur couche, on place immédiatement des châssis que l'on recouvre de paillassons pendant la nuit. Dans la suite on entr'ouvrira de temps en temps les panneaux, lorsque la température s'élèvera, et l'on arrosera plusieurs fois par jour.

Quand les plants sont en trop grand nombre après la levée, on les éclaircit, c'est-à-dire qu'on arrache les pieds qui semblent les plus faibles. Afin de ne pas soulever le sol, on se contente souvent de couper au-dessus du collet, à l'aide de ciseaux, les sujets qu'on veut supprimer.

Semis en rayons. — Pour semer en rayons, on trace à l'aide de la serfouette de petits sillons parallèles de 2 à 3 centimètres de profondeur, dans lesquels on dépose les graines, qu'on recouvre ensuite en hersant au râteau. Ce genre de semis a l'avantage de faciliter dans la suite les travaux de jardinage.

On appelle *semis en touffes* ou en *poquets* une modification du semis en rayons qui consiste à ouvrir sur les lignes, à l'aide de la serfouette, de petits trous de profondeur variable dans lesquels on place un certain nombre de graines.

Les semis qui ne sont pas exécutés en place sont généralement faits dans un coin du jardin fumé abondamment et réservé pour servir de pépinière. Souvent l'emplacement choisi pour cet usage est pris dans le potager, car le sol devant y être fréquemment remué, il est bon de ne pas avoir sous les yeux une plate-bande dont l'aspect nuirait au coup d'œil d'ensemble.

Bouture.

Le bouturage ou reproduction par bouture se fait en détachant d'une plante un jeune rameau qu'on met ensuite en terre, afin d'obtenir un sujet semblable à celui qui l'a fourni. Les boutures peuvent se pratiquer sur des plantes ligneuses, telles que le Rosier, le Fusain, ou sur des plantes herbacées telles que le Géranium. On distingue donc deux sortes de boutures : la bouture ligneuse et la bouture herbacée.

Bouture ligneuse. — Sur les sujets à reproduire, on détache en octobre des rameaux d'un an qu'on peut planter immédiatement, si l'on opère sur des espèces qui ne craignent pas la gelée. Si les arbustes qu'on veut multiplier sont peu rustiques, le bouturage se fait sous cloche, sous châssis ou en serre.

Sur le rameau détaché de la plante mère on choisit un fragment de 10 à 20 centimètres de longueur, présentant des bourgeons bien formés ; au-dessous du bourgeon inférieur on fait une section horizontale à l'aide de la serpette, et au-dessus du bourgeon supérieur on coupe la branche dans le sens opposé à ce dernier bourgeon. Si, au contraire, la section était dirigée vers celui-ci, les gouttes de pluie qui viendraient s'y déverser ne tarderaient pas à le faire pourrir.

Les boutures étant toutes préparées ainsi, il ne reste plus qu'à procéder à la plantation. Celle-ci se fait en pépinière dans un sol fumé abondamment d'engrais consommés, et qu'on arrose, s'il n'est pas humide par lui-même. A l'aide du plantoir, on fait des trous suffisamment éloignés dans

Bouture ligneuse.

lesquels on enfonce les boutures, de manière à ce qu'il ne reste plus que deux bourgeons hors de terre. On tasse légèrement le sol autour de chacune et l'on recouvre d'un paillis.

L'année suivante, les sujets suffisamment forts seront mis en place ; les autres resteront en pépinière, mais seront transplantés.

Les boutures d'arbustes à feuillage persistant réclament généralement plus de soins ; on les fait sous châssis ; on arrose de temps en temps, et l'on ne commence à donner de l'air que lorsque la reprise paraît assurée.

On peut encore bouturer dans des pots remplis de terre terreautée qu'on enfonce dans le sol et qu'on recouvre d'une cloche. Dans ces conditions la reprise s'effectue très rapidement et la mise en place est des plus faciles.

Bouture herbacée. — Les boutures herbacées se font, suivant les cas, en automne ou au printemps, et presque toujours dans des pots remplis d'un mélange de terre de bruyère et de terre terreautée. La partie de la plante qu'on prend de préférence est

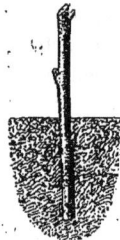

l'extrémité d'un rameau avec quatre ou cinq bourgeons ; on coupe les deux ou trois feuilles inférieures, en ayant soin de laisser intacts les bourgeons placés à leur base.

La préparation des boutures étant terminée, on peut les mettre en pots ; on les arrose ensuite, puis on les place sous des châssis ou des cloches qu'on ne retirera qu'après la reprise. Dans les premiers temps les boutures veulent être arrosées modérément tant qu'elles ne sont pas enracinées ; on doit aussi les abriter contre la chaleur directe du soleil, sans pour cela les priver totalement de lumière ; on rempote en godets ou en pots et l'on maintient les plantes sous châssis ou en serre jusqu'au moment où la température extérieure permet de les mettre en pleine terre, à l'air libre. Un grand nombre de plantes de nos jardins, Géraniums, Verveines, Héliotropes, Fuchsias, Calcéolaires ligneuses, Anthémis, etc, se multiplient ainsi.

Bouture herbacée
(Géranium).

Marcotte.

Comme la bouture, la marcotte peut se faire sur des plantes ligneuses et sur des plantes herbacées. Elle consiste à coucher en terre un rameau de la plante dont on veut obtenir de nouveaux individus ; lorsque ce rameau aura produit des racines et pourra se suffire à lui-même, on le séparera de la plante mère afin de le mettre en place.

Marcotte ligneuse. — La marcotte offre plus de chances de succès que la bouture, mais elle a l'inconvénient de ne pouvoir être pratiquée qu'auprès du végétal dont on veut obtenir de nouveaux individus.

Lorsqu'on marcotte des arbustes sarmenteux, comme la vigne, l'opération est facile. Du côté du sujet où se trouve le rameau qu'on veut enterrer, on creuse au printemps une rigole de 20 à 25 centimètres de profondeur ; on y couche la branche sur une longueur de 35 à 40 centimètres, puis on recouvre de terre. On relève alors l'extrémité du rameau qu'on taille après le deuxième œil situé au-dessus du sol, et qu'on fixe à un tuteur. Tous les bourgeons situés entre le point de naissance de la branche et son entrée dans le sol sont supprimés. A l'automne suivant on sèvre la marcotte en la séparant nettement du pied mère par une section faite près de la surface du sol. Le plant obtenu peut être mis en place.

Marcotte ligneuse.

Pour faciliter la transplantation, on opère quelquefois différemment. On enfonce dans le sol un panier rempli de bonne terre terreautée dans lequel on couche le rameau qui émettra des racines à l'intérieur de ce panier. Comme précédemment on sèvre et l'on met en place en automne.

Lorsque les branches du sujet à marcotter sont trop élevées pour être couchées en terre, on élève à la hauteur de l'une d'elles un pot dit pot à marcotter, par la fente duquel on fait passer la branche ; ce pot est rempli de terre terreautée et entouré de paille qu'on maintient à l'aide d'un lien quelconque ; c'est ce qu'on appelle marcotte artificielle ou marcotte en l'air. On arrose fréquemment.

Après le sevrage, la mise en place ne présente aucune difficulté.

Marcotte en l'air.

Marcotte herbacée simple et marcotte par incision. — Dans la plupart des cas, la marcotte herbacée se fait comme la marcotte ligneuse, c'est-à-dire qu'on couche les tiges en terre pour leur faire émettre des racines et qu'on les sèvre après la reprise. Cependant, pour certaines plantes qui, comme les Œillets, émettent difficilement des racines adventives, on est obligé d'employer le marcottage par incision [1].

Marcotte par incision (Œillet).

En juillet, quelque temps avant le marcottage, on cesse d'arroser, et le moment d'opérer étant arrivé, on détache les feuilles sur toute la partie qui doit être mise en terre. A l'aide du greffoir on pratique en un point de cette même partie une incision longitudinale, ce qui forme une languette qu'on maintient écartée à l'aide d'un petit morceau de bois, un fragment d'allumette par exemple. Le rameau étant mis en terre dans ces conditions, les racines se développent rapidement et la reprise ne tarde pas à s'effectuer.

Greffe.

On donne le nom de greffe ou greffage à l'ensemble des opérations par lesquelles on insère sur une plante, appelée *sujet*, une petite partie, appelée *greffon*, d'une autre plante qu'on veut reproduire.

La greffe est surtout importante pour la multiplication des arbres fruitiers; dans la reproduction des arbustes d'ornement on emploie surtout trois sortes de greffe qui sont : la greffe en fente, la greffe en placage et la greffe en écusson [2].

Greffe en fente. — La greffe en fente se fait soit en août ou

---

1. On emploie quelquefois aussi le marcottage par incision pour certains arbustes tels que les Rosiers à bois dur.
2. Pour les autres modes de greffage, voir *Arboriculture pratique* par Troncet et Deliège (même librairie).

septembre, soit en mars ou avril. Dans le premier cas les greffons sont détachés pour être immédiatement utilisés ; dans le second cas les greffons récoltés à la même époque sont placés en cave.

Pour greffer en fente un arbuste, on le dégarnit de ses branches, puis on le coupe horizontalement à un endroit lisse de l'écorce. A l'aide de la serpette on pratique ensuite une fente au milieu de la section. Sur la branche à insérer, on choisit trois bons bourgeons *b*, *c*, *d*. On tranche obliquement au-dessus de *d*,

| Préparation du sujet pour la greffe en fente. | Taille d'un scion de greffe. | Préparation du greffon. | Greffe en fente terminée. |

puis on taille la partie inférieure au-dessous de *b*, en lui donnant la forme d'une lame dont le tranchant serait opposé au bourgeon *b*.

Le greffon étant ainsi préparé, on l'enfonce délicatement dans la fente du sujet maintenue ouverte de manière que, le bourgeon *b* étant en dehors, l'écorce du sujet et celle du greffon se touchent au moins en un point, ce que l'on obtient sûrement en inclinant légèrement le scion de greffe. Si le sujet n'a pas assez de force pour retenir la greffe, on fait une ligature ; on mastique ensuite toutes les parties à vif.

Cette manière d'opérer est appelée *greffe en fente simple;* lorsqu'on insère deux greffons, un à chaque extrémité de la fente, l'opération prend le nom de *greffe en fente double;*

si l'on veut faire une seconde fente perpendiculaire à la première, on obtient une *greffe en fente quadruple*.

Dans la greffe dite *à la Pontoise*, qui est une modification de la greffe en fente, l'entaille qu'on pratique sur le sujet a la forme d'un V, et le greffon est taillé de manière à s'y adapter exactement. On fait une ligature et on mastique comme pour la greffe en fente ordinaire. C'est ce mode de greffage qu'on emploie lorsqu'on greffe sur racine pour la reproduction des Pivoines, des Dahlias, etc.

Après la reprise on doit toujours couper la ligature, sans quoi il se produirait un bourrelet.

Greffe en fente à la Pontoise.

Greffe en placage. — Comme la greffe en fente, la greffe en placage est une greffe par rameaux. On l'emploie pour des arbustes, tels que le Camellia et la Clématite.

Sur le sujet on enlève une partie de l'écorce et du bois par une entaille de 3 millimètres environ de profondeur et de 3 à 4 centimètres de longueur; sur le greffon on pratique, du côté opposé à celui qui porte les bourgeons qu'on veut conserver, une entaille de même grandeur, de façon que la plaie puisse s'adapter exactement sur celle du sujet contre laquelle on l'applique. On maintient ensemble le sujet et le greffon par une légère ligature, puis on mastique toutes les parties à vif.

Après la reprise, on tranche la ligature.

Greffe en écusson. — Dans la greffe en écusson les bourgeons sont simplement mis en communication avec le sujet par un morceau de l'écorce; le greffon n'est donc plus un rameau comme dans les greffes précédentes.

Greffe en placage.

La greffe en écusson peut être faite en mai ou juin; elle est dite alors *à œil poussant*, car le bourgeon part immédiatement, grâce

à l'activité de la sève printanière; lorsqu'on la fait en août ou septembre, elle est dite *à œil dormant*, le bourgeon devant attendre
pour se développer le printemps de l'année suivante. Dans le premier cas les rameaux portant les bourgeons destinés à l'écussonnage sont récoltés en automne et passent l'hiver en cave ou dans
un lieu bien abrité, placés dans du sable humide; dans le second
cas on les détache à la même époque, mais ils sont utilisés
immédiatement.

Pour préparer l'écusson on choisit sur le rameau l'un des meilleurs bourgeons, et à l'aide du greffoir on le détache avec un
fragment de la
branche; il ne reste
donc plus qu'à en-
lever l'aubier qui
adhère à l'écorce.
Pour cela on se
sert habituelle-
ment du tranchant
du greffoir, mais
il arrive assez fré-

Greffe en écusson.

quemment qu'on éborgne l'écusson, c'est-à-dire qu'on en vide le
bourgeon. Dans ce cas, il ne faut pas hésiter à recommencer
entièrement l'opération, car la reprise ne donnerait aucun
résultat.

La préparation du sujet est plus facile et demande beaucoup
moins de précautions.

Sur un endroit lisse de l'écorce on pratique une double incision en T dont les dimensions sont déterminées par celles de
l'écusson à introduire, puis, avec la spatule du greffoir, on sou-
lève les deux bords de la fente dans laquelle il ne reste plus
qu'à placer le greffon, ce qu'on fait en ayant soin de laisser
sortir le bourgeon. On maintient les deux lèvres de la fente
rabattues par une légère ligature de coton, de laine ou de
raphia.

Quand le bourgeon s'est développé, on incise la laine qui tombe
ensuite d'elle-même.

L'écussonnage est fréquemment employé pour greffer les
Rosiers sur Églantier.

CHAPITRE V

TRAVAUX COURANTS

La culture des fleurs réclame un certain nombre d'opérations qui se renouvellent chaque année et qui sont indispensables pour obtenir des plantes vigoureuses. C'est ce que nous appelons travaux courants.

Labour.

Dans le jardin, c'est à la bêche surtout que s'exécutent les labours. Pour qu'ils soient profitables aux plantes, le sol doit être remué à 20 ou 30 centimètres de profondeur et la terre retournée au fur et à mesure, de manière que la couche profonde se trouve ramenée à la surface.

Pendant les labours on recouvre toutes les mauvaises herbes qui ne sont pas susceptibles de se multiplier par rejets; au contraire, celles qui pourraient se propager de cette façon doivent être arrachées sans exception; on les brûle ensuite pour jeter leurs cendres sur le terreau.

On doit pratiquer des labours toutes les fois qu'on veut semer ou transplanter dans un terrain. A la fin de l'automne et au commencement de l'hiver, c'est par un labour qu'on enterre les engrais; mais, dans ce cas, ceux-ci ne doivent pas être enfouis trop profondément, car si les racines des plantes n'atteignaient pas la partie fertilisée, les amendements ne rempliraient pas leur but, c'est pourquoi les labours destinés à mélanger le terreau au sol sont exécutés de préférence à l'aide de la fourche à dents plates.

Après une gelée comme après une pluie, il faut toujours éviter de labourer : dans le premier cas, la terre durcie ne pourrait être qu'imparfaitement divisée; dans le second, le sol détrempé, formant une agglomération compacte, ne serait travaillé qu'avec peine.

Repiquage.

Le repiquage est une opération qui a pour effet de fortifier les plantes en leur faisant émettre un chevelu abondant. Il consiste à les changer de sol lorsqu'elles ont atteint une vigueur suffisante et qu'elles pourraient être arrêtées dans leur croissance par suite du manque d'espace. Il ne faut pas attendre pour agir que les sujets aient acquis trop de développement, car la reprise offrirait alors plus de difficultés.

Le repiquage doit être fait dans un terrain préparé par un labour et couvert d'un paillis. Lorsqu'on opère par un temps sec, on doit arroser préalablement. On fait des trous au plantoir sur les lignes déterminées au cordeau, en ayant soin de laisser entre eux l'espace nécessaire. On place dans chacun les racines d'un plant, autour desquelles on ramène la terre. On arrose ensuite afin de rafraîchir et tasser le sol.

Pour les fleurs dont la végétation est de longue durée et qui ont besoin d'être abritées au commencement de leur croissance, le repiquage peut être effectué dans un espace relativement petit, en pots, sur couche, etc.

Sarclage.

Le sarclage est une opération très importante dans la culture des fleurs et des arbustes d'ornement. Il a pour but d'empêcher les mauvaises herbes d'empiéter sur un terrain réservé aux fleurs et de croître dans les allées. On l'exécute en arrachant ces herbes soit à la main, soit au moyen d'un instrument tranchant.

Il n'est pas d'époque fixe pour pratiquer le sarclage ; on doit le renouveler aussi souvent qu'il y a lieu ; cependant on sarcle de préférence après la pluie ou les arrosements ; car lorsque le sol est sec, on risque de déplacer ou de mettre à nu les racines des fleurs à conserver, en arrachant les herbes situées auprès d'elles. Dans les allées, on sarcle ordinairement à l'aide de la ratissoire ;

dans les plates-bandes, il vaut mieux ne pas se servir d'un instrument : on sarcle à la main, et, comme cette opération est des plus simples, un enfant peut l'exécuter sans peine.

Le sarclage n'est pas seulement utile pour préserver les fleurs des nombreuses plantes parasites qui se développent dans leur voisinage ; c'est encore une mesure de propreté indispensable dans un jardin d'agrément.

Binage.

Le binage, non moins important que le sarclage pour assurer aux plantes une végétation facile, a pour objet d'ameublir la partie superficielle du sol. On peut l'exécuter au moyen de la binette, de la serfouette ou même de la houe. Il permet à l'air d'arriver jusqu'aux racines des plantes. Il est reconnu, d'autre part, que l'évaporation se trouve réduite dans les terres dont la surface est binée.

Très utile en temps ordinaire, le binage est indispensable lorsque le sol a été durci à la suite des pluies ou des arrosages fréquemment répétés et que, par suite, les racines des plantes ne peuvent plus bénéficier des influences atmosphériques. De toute façon on doit le pratiquer avec soin, car il faut éviter, autant que possible, de déchirer le chevelu des sujets, ce qui pourrait occasionner de fâcheux accidents.

Dans les terrains compacts, les binages doivent être plus souvent renouvelés que dans les terrains légers ; mais lorsque le sol est recouvert d'un paillis, on peut les pratiquer moins fréquemment.

Quand on a soin de trancher en binant toutes les mauvaises herbes, le binage peut tenir lieu de sarclage.

Arrosage.

Dans nos jardins les arrosages s'exécutent de plusieurs manières. On peut employer des tuyaux mobiles qui s'adaptent à une bouche d'eau et qui permettent d'asperger sans peine une grande étendue. Après l'arrosage on les rentre, afin de ne pas encombrer les allées. Remarquons que, lorsqu'on arrose ainsi, il est utile de briser le jet avec le doigt pour en amortir la force et le disperser en gerbe.

Les pompes et les tonneaux d'arrosage mobiles peuvent aussi rendre des services, mais la plupart des jardiniers n'ont pas de tels moyens à leur disposition ; ils sont obligés d'utiliser, à l'aide de l'arrosoir, l'eau qui se trouve à leur portée. Disons à ce sujet que les eaux de pluie sont les meilleures pour les arrosements ; viennent ensuite les eaux courantes des rivières, les eaux de source, de puits, et enfin les eaux de mare. Avant d'utiliser les eaux de puits, on fera bien de les laisser quelque temps à l'air libre, afin qu'elles prennent la température de l'atmosphère, qu'elles s'aèrent suffisamment, et qu'elles déposent une partie du calcaire qu'elles contiennent.

Suivant les époques, les plantes veulent être plus ou moins arrosées. En général, on doit donner d'autant plus d'eau que la chaleur est plus forte ; mais, en outre de cette règle importante, il en est d'autres qui doivent être non moins rigoureusement observées. Lorsqu'on vient de pratiquer un semis ou un repiquage, soit en pots, soit en pleine terre, il faut avoir soin de fournir une quantité d'eau suffisante pour favoriser la germination ou la reprise. De même lorsqu'on vient de bouturer, de marcotter ou de greffer, il est utile d'arroser abondamment ; enfin, lorsqu'une plante approche de sa floraison, on doit lui donner plus d'eau qu'à l'ordinaire.

L'heure à laquelle on doit arroser varie suivant les saisons. Il est préférable de faire les arrosages le soir en été, car la température étant moins élevée pendant la nuit, l'eau s'évapore plus lentement et les fleurs en subissent plus longtemps l'influence ; en automne et au printemps, au contraire, les arrosages doivent avoir lieu le matin, car si l'eau était répandue le soir, sa fraîcheur pourrait être nuisible aux plantes.

Lorsqu'on veut arroser des arbustes ou de grandes plantes, on enlève souvent la pomme de l'arrosoir, ce qui permet de verser plus rapidement la quantité d'eau nécessaire, on exécute alors un *arrosage en plein*. On appelle *bassinage* un arrosement léger effectué en conservant la pomme.

Montage des couches.

On appelle couches des amas de fumier pouvant dégager par la fermentation la chaleur nécessaire à la culture de certaines plantes. On construit généralement les couches avec du fumier de cheval mélangé à des feuilles sèches récoltées en automne, telles que celles du Châtaignier, du Hêtre ou du Chêne; on ajoute quelquefois aussi du marc de raisin.

Pour construire une couche, on creuse une tranchée de longueur et de largeur variables, ayant de 30 à 35 centimètres de profondeur, puis on mélange intimement le fumier neuf qu'on veut employer avec une égale quantité de fumier ayant déjà fermenté ou fumier recuit; on place ensuite au fond de la tranchée, à l'aide de la fourche, une première couche du mélange que l'on tasse soigneusement, puis une seconde que l'on tasse de la même façon, et ainsi de suite jusqu'à ce qu'on obtienne une épaisseur de fumier de 55 à 60 centimètres. Si les couches sont destinées à porter des cloches, on les charge de 20 centimètres environ de terreau, puis on les borde soigneusement; cela fait, on arrose le tout pour aider à la fermentation.

Dès le début, la température s'élève rapidement et peut atteindre jusqu'à 65 degrés, mais elle ne tarde pas à descendre pour se maintenir aux environs de 25 à 30 degrés; on commence généralement à semer à partir de ce moment. On désigne sous le nom de *couches chaudes* des couches entièrement formées de fumier non consommé; les couches composées d'un mélange de fumier neuf et de fumier consommé sont dites *couches tièdes;* on appelle *couches sourdes* celles qui sont formées exclusivement de fumier recuit.

En hiver il est souvent utile de préserver les couches du froid, afin qu'elles conservent plus longtemps leur chaleur; on y parvient au moyen des *accots* et des *réchauds*. Les accots sont des amas de vieux fumier qui entourent les couches ou les châssis; les réchauds diffèrent des accots en ce que c'est seulement le fumier neuf qui entre dans leur composition; ils sont préférables aux premiers, car la chaleur qu'ils dégagent peut empêcher les couches de se refroidir.

Empotage.

On appelle empotage l'opération qui consiste à planter en pots des plantes obtenues par un mode de multiplication quelconque, pratiqué soit en pleine terre, soit sur couche, soit même déjà dans un pot.

Avant d'effectuer l'empotage, on choisit des pots dont les dimensions sont en rapport avec la taille que peuvent atteindre les sujets qu'on y veut cultiver. Dans le fond de chacun d'eux on place sur le trou un tesson de bouteille ou mieux un lit de gravier, afin de faciliter l'écoulement de l'eau et d'éviter la pourriture des racines. On remplit ensuite jusqu'à la moitié avec de la terre passée au crible et mélangée intimement à du terreau et de la terre de bruyère, puis on place au milieu la motte contenant les racines de la plante. Cela fait on coule de la terre tout autour de ces racines en la tassant légèrement avec les doigts, sans cependant remplir complètement, afin de réserver un espace suffisant pour l'eau des arrosages.

Lorsqu'on veut changer de pot une plante trop à l'étroit, on prend de la main droite le pot où elle se trouve; on place la main gauche au-dessus, en laissant passer la tige entre les doigts écartés pour ne pas la blesser; on retourne ensuite la plante sens dessus dessous et l'on frappe à petits coups le fond du pot, de la main droite, jusqu'a ce que la motte se détache. On examine alors l'état des racines; on coupe toutes celles qui sont desséchées ou pourries et on enlève la terre sèche qui se trouvait en contact avec les parois du pot. Si la motte elle-même est presque entièrement desséchée, on la laisse tremper quelque minutes dans l'eau, puis on empote comme nous l'avons indiqué précédemment. On arrose après l'empotage si c'est nécessaire.

Taille.

La taille a pour but de diriger la croissance des arbrisseaux d'ornement qui, si on les abandonnait à eux-mêmes, se développeraient d'une façon irrégulière et donneraient des fleurs chétives. Elle consiste à retrancher chaque année une partie du bois produit; les parties conservées n'en ont que plus de vigueur et les fleurs sont réparties sur la charpente avec plus d'harmonie.

Les rameaux qu'on veut tailler doivent être coupés nettement à la serpette ou au sécateur, aussi près que possible du dernier bourgeon conservé; de plus la section doit être faite dans le sens opposé au dernier bourgeon, comme nous l'avons indiqué page 23.

L'époque à laquelle on fait la taille varie suivant les espèces : la plupart peuvent être taillées à partir de la fin du mois de janvier jusqu'au commencement de mars; mais pour certaines autres, de floraison précoce, il est bon de n'opérer que lorsque la production des fleurs est entièrement terminée. Nous indiquerons d'ailleurs, aux cultures spéciales, le mode de taille qui convient le mieux aux divers genres.

La taille se pratique non seulement pour les arbrisseaux, mais encore pour un grand nombre de fleurs, telles que les Giroflées, les Agérates, les Résédas. Dans ce cas on se borne au *pincement*, c'est-à-dire à la section de la tige, afin de la faire ramifier et d'obtenir par ce moyen un buisson de fleurs au lieu d'un bouquet unique.

CHAPITRE VI

ORNEMENTATION

Corbeilles.

Pendant la belle saison une corbeille doit être constamment fleurie, c'est pourquoi, lorsque les plantes qui s'y trouvent ont terminé leur floraison, on les remplace immédiatement par d'autres élevées en pépinière. C'est aussi pour ce même motif qu'on ne doit faire entrer dans une corbeille que des plantes fleurissant à la même époque, car l'effet serait tout à fait disgracieux si les unes étaient fanées alors que les autres seraient en plein épanouissement.

La hauteur des plantes qu'on emploie pour former une corbeille doit être sensiblement la même ; d'autre part, on ne doit planter les unes à côté des autres que des fleurs dont les nuances s'harmonisent parfaitement ; il y a là une question de goût sur laquelle l'horticulteur doit porter toute son attention [1].

La disposition des fleurs dans une corbeille donne lieu à des combinaisons qui peuvent varier à l'infini. Le type le plus simple est celui où la corbeille est d'une seule couleur. Lorsqu'on entoure une telle corbeille d'une bordure uniforme, on obtient déjà deux nuances qui, choisies convenablement, peuvent produire un effet agréable, mais l'agencement le plus employé est celui où sont réunies des fleurs de couleurs différentes ; dans ce cas elles peuvent être placées par rangs concentriques ou disposées de manière à former des figures régulières ou des arabesques.

Nous empruntons à l'excellent ouvrage de MM. Vilmorin-Andrieux et Cie *Les Fleurs de pleine terre*, quelques modèles de corbeilles convenant pour toute la belle saison, à partir de juin jusqu'à l'automne :

La corbeille n° 1 doit être très bombée :

1. Bégonia tuberculeux erecta double multiflore, Soleil d'Austerlitz.

2. Agératum impérial nain bleu.

3. Pyrèthre doré sélaginoïdes.

La corbeille n° 2 est divisée en quatre parties par une large bande en croix :

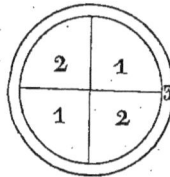
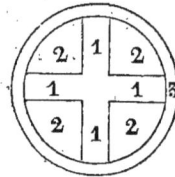

Corbeille n° 1.   Corbeille n° 2.

1. Centaurea candidissima.

2. Bégonia semperflorens (toujours fleuri) variété Vernon.

3. Lobelia erinus grandiflora superba.

---

1. Les couleurs qui s'associent agréablement sont les complémentaires ; par exemple, le rouge, avec le vert ; l'orangé avec le bleu ; le jaune avec le violet. On peut donc, d'après cela, placer à côté d'une fleur quelconque une autre fleur qui se rapproche de sa complémentaire.

La corbeille ronde n° 3 présente, comme on le voit, un disque central.

1. Tagetes signata pumila.
2. Centaurea Clementei.
3. Bégonia tuberculeux erecta double multiflore Soleil d'Austerlitz.
4. Agératum nain à grande fleur bleu d'azur.
5. Sanvitalia procumbens flore pleno.

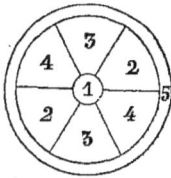

Corbeille n° 3

Corbeille n° 4.

La corbeille n° 4 présente une rosace étoilée avec un disque central.

1. Géranium (Pélargonium) zonale rouge variété Paul-Louis Courier.
2. Géranium Mistress Pollock.
3. Bégonia semperflorens Vernon.
4. Agératum impérial nain bleu,
5. Pyrèthre doré.

Parterres.

Les deux modèles de parterre que nous donnons sont également empruntés au livre *Les Fleurs de pleine terre* de MM. Vilmorin-Andrieux et Cie. On peut les exécuter en leur donnant 10 à 12 mètres de diamètre. Les allées qui les divisent auront 50 centimètres de largeur et seront recouvertes d'une couche de sable jaune.

Le modèle n° 1 est facile à réaliser; le centre devra être légèrement plus élevé que les bords.

A. Achyranthes Verschaffeltii cerclé de Géranium Mistress Pollock.

B et D. Cinéraire maritime cerclée de Coleus Verschaffelti.

C et E. Géranium zonale Paul-Louis Courier, cerclé de Géranium à feuilles panachées.

F et H. Coleus Marie Bocher cerclé de Campanule carpatica bleue.

G et I. Agératum impérial nain bleu, bordé de Lobelia erinus blanc.

K et M. Bégonia semperflorens Vernon bordé de Nierembergia gracilis.

L et N. Bégonia semperflorens blanc bordé d'Oxalis floribunda.

On pourrait encore adopter l'ornementation suivante, plus simple, ou une autre analogue :

A. Canna florifère rouge à feuillage brun, bordé de Tagetes signata pumila.

B et D. Bégonia erecta Roi des rouges.

C et E. Bégonia erecta blanc.

F et H. Pétunia nain compact rose à œil blanc.

G et I. Agératum impérial nain bleu.

K et M. Géranium Mistress Pollock.

L et N. Géranium zonale blanc.

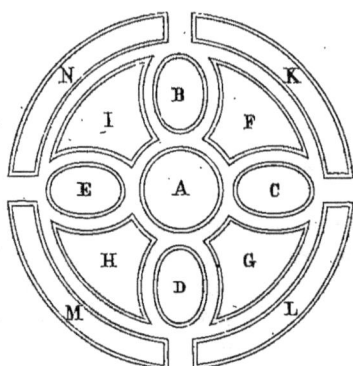 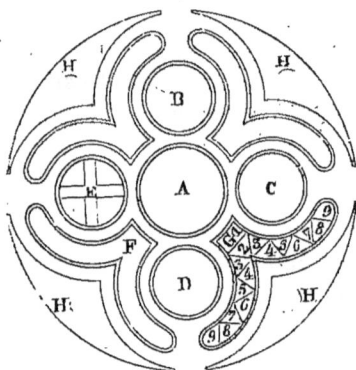

Parterre n° 1   Parterre n° 2.

Le parterre n° 2 est un peu plus compliqué que le précédent :

A. Géranium zonale Paul-Louis Courier, entouré de Gnaphalium tomentosum.

B et D. Géranium zonale Mistress Pollock, bordé d'Oxalis floribunda rosea.

E et C. Agératum impérial nain bleu, bordé de Pyrèthre doré sélaginoïdes.

H. Gazon avec un Yucca quadricolor en O.

Dans les corbeilles FF, GG, les plantes sont disposées en triangles, comme l'indique une des corbeilles G, et dans l'ordre suivant en diminuant de hauteur :

FF. 1° Yucca filamentosa, 2° Coleus Verschaffeltii, 3° Coleus Marie Bocher, 4° Achyranthes Lindeni, 5° Géranium simple rose, 6° Cinéraire maritime candidissima, 7° Bégonia semperflorens Vernon, 8° Gnaphalium tomentosum, 9° Lobelia erinus erecta Crystal-Palace.

GG. 1° Fuchsia, 2° Anthémis frutescens, 3° Pelargonium zonale rouge, 4° Héliotrope, 5° Achyranthes Verschaffelti, 6° Coleus Marie Bocher, 7° Bégonia semperflorens Vernon, 8° Verveine hybride panachée, 9° Lobelia erinus erecta Crystal-Palace. On pourrait aussi appliquer à ce parterre le même genre d'ornementation plus simple indiqué dans l'exemple précédent.

Plates-bandes.

Si la culture en plates-bandes n'offre pas autant de ressources

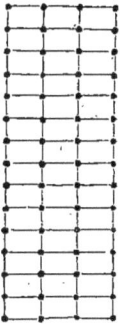

Plantation en allées.   Plantation en carrés.   Plantation en triangles.   Plantation en quinconces.

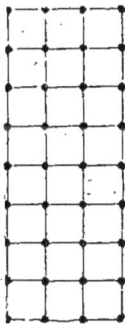

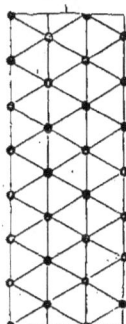

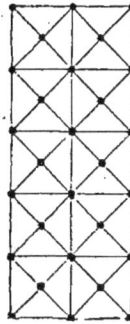

pour l'ornementation que la culture en corbeilles, elle présente néanmoins certains avantages. C'est presque toujours dans les plates-bandes qu'on cueille les plantes destinées à être réunies en bouquet ; d'autre part les plates-bandes permettent de cultiver dans un espace relativement petit un assez grand nombre d'espèces différentes. On leur donne généralement de 1ᵐ,50 à 2 mètres de largeur.

La plantation en plates-bandes peut se faire de plusieurs manières. On peut planter soit en allées, soit en carrés, soit en triangles équilatéraux, soit en quinconces. On peut dans une même ligne ne planter que la même fleur, ou réserver une certaine portion de plate-bande à telle ou telle fleur, ou encore cultiver autant de plantes différentes qu'on veut avoir de sujets. Dans tous les cas il faut veiller avec soin à ce que la plus parfaite harmonie règne dans toutes les parties et pour cela ne pas placer côte à côte des fleurs dont les nuances formeraient un contraste désagréable.

Lorsqu'on plante les fleurs sur une côtière, on doit placer auprès du mur celles qui sont les plus élevées.

Mosaïculture.

La mosaïculture est un genre d'ornementation dans lequel on réunit des plantes de petite taille à fleurs ou à feuillage colorés, de manière à former des arabesques, des figures géométriques, des guirlandes, et parfois des lettres et des inscriptions. Elle ne diffère guère de l'ornementation en corbeilles que par les plantes généralement plus petites que l'on emploie.

La mosaïculture demande des soins d'entretien constants ; il faut veiller à ce que les plantes cultivées restent toujours dans l'espace qui leur est réservé et, pour cela, couper les rameaux qui voudraient s'étendre trop loin ou qui s'élèveraient par trop au-dessus des autres.

La mosaïculture, fort en vogue il y a quelques années, est aujourd'hui beaucoup moins en faveur ; cela tient sans doute à ce que le travail qu'elle réclame n'est pas compensé par l'effet produit.

Nous donnons page 177 une liste des plantes les plus employées pour la mosaïculture.

CHAPITRE VII

LES GAZONS

Les gazons ont leur place dans tous les jardins d'agrément ; ils peuvent être cultivés soit en pelouse, soit en bordure. L'herbe la plus généralement employée pour former les gazons est le Ray-grass anglais qui donne rapidement de la verdure dans les sols qui ne sont ni trop humides ni trop secs. On se sert aussi fréquemment du Lawn-grass qui se contente d'un terrain moins riche et donne un gazon tout aussi beau et de plus longue durée. Le Lawn-grass est formé par un mélange de plusieurs plantes rustiques qui se développent avec moins de rapidité que le Ray-grass, mais réclament moins de soins de culture [1]. On varie d'ailleurs la composition de la semence suivant la nature du sol où l'on veut le cultiver.

Les gazons peuvent se multiplier par semis, qu'on pratique à la volée soit au printemps, soit à la fin de l'été, soit en automne. On doit toujours semer dans un terrain abondamment fumé d'engrais consommés, bien mélangés au sol par un labour et égalisé préalablement à l'aide du râteau ou de la fourche.

Lorsqu'on emploie le Ray-grass, on en répand 1 kilogramme environ par are ; si l'on se sert du Lawn-grass, on doit en semer sur la même surface de 1,5 à 2 kilogrammes. On passe ensuite le rouleau, puis on recouvre la graine d'une légère couche de terre ou mieux de terreau.

Quand on veut couvrir de gazon une petite surface, on peut employer un procédé appelé placage, plus rapide que le semis. Le placage consiste à détacher à l'aide de la bêche, dans les prés ou sur le bord des chemins, des plaques de gazon que l'on

---

1. Les principales plantes qui entrent dans la composition du Lawn-grass sont le Pâturin des prés, le Brôme des prés, la Millefeuille, la Crételle des prés et les Fétuques.

place les unes à côté des autres sur le terrain à recouvrir et qu'on maintient à l'aide de petites chevilles de bois, si celui-ci est en pente. On les appuie fortement sur le sol, puis on arrose fréquemment pour favoriser le développement des racines qui traversent les mottes et les fixent au sol.

Le terrain qu'on veut gazonner par placage doit être préalablement labouré et fumé.

Si l'on abandonnait à lui-même le gazon sans lui donner aucun soin, on se verrait obligé de le renouveler tous les deux ou trois ans; mais si l'on entretient constamment les pelouses, celles-ci, une fois établies, peuvent se conserver en bon état pendant une dizaine d'années.

Deux fois par an, au printemps et au début de l'automne, on doit sarcler les gazons, afin de les débarrasser de toutes les herbes parasites qui entraveraient leur développement; d'autre part il est nécessaire de tondre assez fréquemment, pour éviter que les plantes ne montent en graines. Pour les bordures la tonte s'exécute avec de longs ciseaux; pour les pelouses on peut opérer au moyen d'une faux. Après chaque coupe il est nécessaire de passer le rouleau, opération qui présente l'avantage de faire taller le gazon, c'est-à-dire de forcer les racines à se développer et à émettre des rejets. On trouve dans le commerce des machines, appelées tondeuses, qui permettent de couper facilement le gazon d'une façon uniforme. Ces instruments sont munis d'une roue qui foule l'herbe à mesure qu'on la coupe.

On doit avoir soin de ne pratiquer la tonte que par un temps de pluie; dans le cas contraire, les racines mises à nu seraient desséchées et l'on s'exposerait à perdre la plus grande partie des pelouses.

Le terrain sur lequel on cultive le gazon a besoin d'être fertilisé de temps en temps pour le produire continuellement. On emploie pour cela soit des engrais liquides, soit des engrais solides; des arrosages au guano dissous dans l'eau ou au purin sont très efficaces et donnent à l'herbe des pelouses une vigueur nouvelle; de même le fumier répandu sur le sol en automne et dont on ratisse la paille au printemps suivant, la cendre, le terreau sont des stimulants très actifs.

Lorsque, au bout d'un certain nombre d'années, les gazons

viennent à s'éclaircir, on peut essayer de regarnir les vides en y
semant de nouvelles graines qu'on couvre d'un peu de terreau,
mais quand en procédant ainsi le sol est cependant trop appauvri
pour qu'on réussisse à le faire produire, on est obligé de recourir
à d'autres moyens. On a souvent conseillé de remplacer pendant
une ou deux années le gazon par des pommes de terre, des betteraves ou des haricots ; au bout de ce temps le sol reposé et
fumé abondamment peut produire à nouveau du gazon, mais ce
procédé est peu recommandable. Mieux vaut retourner entièrement
le sol pendant l'automne et le fumer à l'aide d'engrais organiques
auxquels on ajoute du phosphate de chaux par un labour exécuté
au printemps. On sème ensuite et l'on obtient presque toujours
des résultats satisfaisants.

CHAPITRE VIII

LES ENNEMIS DES FLEURS

Les animaux et particulièrement les insectes causent parfois
de grands dégâts dans les jardins, aussi doit-on chercher à se
débarrasser de tous ceux qui peuvent nuire à la culture. Nous
examinerons successivement les plus à craindre et nous donne-
rons quelques-uns des moyens les plus simples et les plus efficaces pour les combattre.

L'*altise*, appelée aussi *puce de terre* ou *tiquet*, est un petit
insecte qui, lorsqu'on veut le saisir, s'échappe par des bonds successifs. Il produit souvent des ravages importants dans les semis.
On peut s'en débarrasser par des bassinages fréquents ou par des
seringages au jus de tabac additionné de quatre fois son volume
d'eau.

L'*araignée* est une ennemie redoutable des jeunes plants dont
elle perce la tige pour sucer la sève. On parvient à l'éloigner en
faisant des bassinages répétés, ou en répandant sur le sol de la
cendre, de la chaux vive ou de la suie.

Les *chenilles* sont sans contredit les insectes les plus nuisibles dans les jardins comme dans les vergers. Quoique les oiseaux en absorbent un grand nombre pour leur alimentation, il en reste toujours une quantité considérable dont il faut à tout prix se débarrasser. Pour cela les crapauds sont d'utiles auxiliaires : ils peuvent détruire en un jour plus de cinq cents insectes nuisibles. Si l'on a cinq ou six crapauds dans un jardin de moyenne étendue, on y trouvera rarement des chenilles. On peut, à défaut de crapauds, tuer les chenilles en faisant des aspersions à l'eau de savon : elles périssent aussitôt touchées.

La *courtilière* étant relativement grosse, il est facile de la voir et de l'écraser lorsqu'on la rencontre. On la trouve fréquemment dans les couches. Lorsqu'on a découvert une de ses galeries, on peut enterrer, à côté de l'orifice, de petits vases à demi remplis d'eau où elle viendra se noyer. On peut encore arroser le sol avec de l'eau contenant un peu d'huile ou renfermant du savon noir en dissolution.

La *forficule* ou *perce-oreille* s'attaque pendant la nuit aux feuilles et aux fleurs des plantes telles que les Œillets, les Dahlias, etc. On se borne souvent à l'écraser chaque fois qu'on la trouve. Comme elle aime les lieux frais et humides, on peut encore l'attirer sous un pot à fleurs renversé, au fond duquel on aura placé un peu de mousse et qu'on aura maintenu entr'ouvert à l'aide d'un bâtonnet.

Les *fourmis* s'attaquent surtout aux tiges et aux feuilles des plantes; elles sont aussi fort désagréables pour l'horticulteur quand elles se logent dans les couches. Lorsqu'on découvre une fourmilière dans le jardin, on la détruit en l'arrosant d'eau bouillante; l'eau de savon et l'eau à laquelle on a mélangé de l'huile sont aussi très efficaces. On peut encore pendre aux arbustes qui sont l'objet des attaques des fourmis des flacons remplis d'eau miellée où ces insectes viennent se noyer.

Les *limaces* sont également à craindre pour la plupart des plantes des corbeilles et des plates-bandes qu'elles dévorent en peu de temps. Le meilleur moyen de les détruire consiste à placer dans le jardin un hérisson qui les consommera en grande quantité ainsi que les escargots. On peut aussi répandre sur le sol de la chaux éteinte pulvérisée ou de la cendre qui les feront immédiatement périr. Si l'on ne veut pas en couvrir entièrement les corbeilles et les plates-bandes, on se contentera de les en entourer.

Les *pucerons* épuisent les fleurs et les arbustes en suçant les feuilles et les tiges. On s'en débarrasse en frottant à l'aide d'une brosse à poils raides les rameaux sur lesquels ils se placent, ou en aspergeant les plantes qu'ils affaiblissent avec de l'eau dans laquelle on a dissous du savon noir ou versé du jus de tabac.

La *taupe*, en creusant ses galeries, forme des monticules de terre et bouleverse le sol dans les allées et les plates-bandes; on prétend qu'elle se nourrit de vers blancs, mais, dans tous les cas, ses services ne semblent pas compenser les dégâts qu'elle occasionne. Pour la détruire il faut profiter du moment où elle travaille, ce qui arrive régulièrement quatre fois par jour : à six heures du matin, à midi, à quatre heures et à six heures du soir. Pendant qu'elle est occupée à réparer la galerie qu'on a préalablement défoncée avec le pied, on la guette et on l'enlève au moyen de la bêche.

On trouve dans le commerce des pièges à taupes, qu'on place dans les galeries et qui permettent de se débarrasser aisément de ces animaux.

Le *ver blanc* est l'un des plus redoutables ennemis des végétaux; il s'attaque aux racines qu'il dévore avec une incroyable voracité et entraîne souvent la mort des jeunes plantes. Pendant les labours, on détruit les vers blancs en se faisant suivre de quelques poules ou de quelques canards qui se précipitent sur eux au fur et à mesure qu'on les met à découvert. A l'époque où les hannetons paraissent, il faut leur faire une chasse à outrance, de préférence le matin lorsqu'ils sont encore engourdis et qu'ils se détachent facilement des feuilles. Pour les tuer on les trempe dans l'eau bouillante.

On peut encore éloigner les vers blancs en enterrant de la fleur de soufre au pied des plantes ou en cultivant à côté quelques laitues sur lesquelles ces insectes porteront leurs atteintes et qui préserveront, par conséquent, les plantes voisines. Plusieurs petits rongeurs tels que les *souris*, les *rats*, les *mulots*, les *loirs* causent aussi quelques dommages; on les détruit ordinairement au moyen de pièges.

DEUXIÈME PARTIE

CULTURES SPÉCIALES

A

Abronie à ombelles (*Abronia umbellata*). — Plante annuelle à rameaux traînants ou grimpants pouvant atteindre une longueur de 1ᵐ,50 ; fleurs roses d'une odeur agréable s'épanouissant à partir de la fin de juin jusqu'en octobre ; semis en mars, en pépinière ou sur couche tiède ; repiquage en avril, en pépinière ; mise en place en fin mai dans un sol léger à bonne exposition, en espaçant les pieds de 60 centimètres environ ; on peut aussi semer en août, en pleine terre, pour hiverner sous châssis.

Achillée. — Les Achillées sont vivaces et se multiplient par division des pieds, en automne ou au printemps, ou par semis en pépinière, de mai à juillet ; on distingue plusieurs espèces. — ACHILLÉE PTARMIQUE ou BOUTON-D'ARGENT (*Achillea ptarmica*). Plante rustique ; hauteur, 70 à 80 centimètres ; pendant tout l'été, fleurs doubles de couleur blanche. — ACHILLÉE A FEUILLES DE FILIPENDULE (*Achillea filipendulina*). Hauteur, 1ᵐ,30 environ ; de juin en septembre, fleurs jaune d'or, d'un bel aspect. — ACHILLÉE MILLEFEUILLE (*Achillea millefolium*). Hauteur, 40 à 50 centimètres ; fleurs roses pendant tout l'été.

Achyranthes de Verschaffelt (*Achyranthes Verschaffelti*). — Plante rameuse de 30 à 40 centimètres de hauteur ; belles feuilles d'un rouge vif luisant ; semis sur couche en février-mars ; repiquage en petits pots qu'on enfonce dans la couche ; plantation à demeure en mai-juin ; s'obtient aussi fréquemment de boutures faites à la fin de l'été et conservées en serre, pendant l'hiver.

Aconit. — Les Aconits sont des plantes vivaces vénéneuses qu'on multiplie généralement par division des touffes en septembre-octobre

ou en février-mars ; on compte plusieurs espèces. — Aconit napel
(*Aconitum napellus*). Hauteur, 1ᵐ,20 environ ; peut être aussi propagé par
semis de mai à juillet en pépinière ou en pots ; les graines ne lèvent
ordinairement qu'au printemps suivant ; en juin et juillet, fleurs en
forme de casque, bleues ou blanches selon la variété. — Aconit bicolore (*Aconitum variegatum*). Tiges dressées de 1ᵐ,20 ; en juillet-août,
fleurs bleues et blanches ; division des touffes ou semis. — Aconit
rubicon (*Aconitum rubicundum*). Hauteur 1 mètre ; en juillet-août, fleurs
rougeâtres. — Aconit tue-loups (*Aconitum lycoctonum*). Hauteur, 1ᵐ,25
en moyenne ; fleurs jaunes en juillet-août; même culture. L'Aconit
préfère un sol frais et une exposition demi-ombragée.

Acroclinium rose (*Acroclinium roseum*). — Plante annuelle de 30
à 35 centimètres de hauteur, réclamant une terre légère à bonne
exposition ; semis sur couche en mars-avril ; repiquage sur couche
ou en pots ; en mai, mise en place en espaçant les pieds de 30 centimètres ; floraison en juin et juillet.

Adonide. — Deux espèces principales : — Adonide Goutte-de-sang
ou Adonide d'automne (*Adonis autumnalis*). Plante annuelle ayant de
40 à 50 centimètres de hauteur ; semis en automne ou au printemps,
en pépinière ou en place ; intervalle de 30 centimètres entre deux
pieds ; petites fleurs rouges très jolies. — Adonide printanière (*Adonis
vernalis*). Plante vivace de 20 à 25 centimètres ; semis en mai-juin en
terrines en terre de bruyère et à l'ombre; repiquage au printemps
de l'année suivante; mise en place à l'automne ; se multiplie aussi
d'éclats de racines détachés en automne; fleurs d'un jaune luisant.

Agapanthe en ombelle (*Agapanthus umbellatus*). — Plante vivace
s'élevant à environ 80 centimètres ; fleurs bleues inodores ; multiplication en automne par division des touffes, en détachant un éclat
muni de feuilles et de racines qu'on plante en pot ; terre légère à toute
exposition ; hiverner en orangerie, en serre froide ou sous châssis
dans le centre de la France.

Agérate. — On en connaît plusieurs espèces : — Agérate du Mexique
(*Ageratum mexicanum*). Plante vivace de 50 à 60 centimètres de hauteur, cultivée comme annuelle; fleurs bleues très nombreuses ; variété
impérial nain ; reproduction par semis au printemps en pépinière, pour
repiquer en place au début de juin, en espaçant les sujets de 30 centimètres environ ; on peut aussi bouturer sous châssis en août-
septembre et semer à la même époque ; pincement sur trois ou quatre

feuilles pour faire ramifier. — AGÉRATE BLEU DE CIEL NAIN (*Ageratum cæruleum nanum*). Plante s'élevant à 40 centimètres ; même culture.

Agròstemma. — V. Coque-lourde.

Ail. — On donne ce nom à plusieurs espèces différentes de plantes bulbeuses vivaces. — AIL DORÉ (*Allium Moly*). Hauteur, 20 à 30 centimètres ; fleurs jaune d'or qui s'épanouissent en juin ; multiplication par division des caïeux, qu'on plante d'août à octobre en sol léger à bonne exposition. — AIL AZURÉ (*Allium azureum*). Hauteur, 40 à 60 centimètres ; fleurs bleues en juin-juillet ; même mode de reproduction que l'espèce précédente. — AIL ODORANT (*Allium fragrans*). Hauteur, 60 centimètres ; fleurs blanches odorantes en mai-juin ; multiplication en juillet-août ou au printemps, par division des caïeux, qu'on plante dans une terre légère exposée au midi ; couverture de litière en hiver. Tous les ails peuvent aussi se propager de semis.

AGERATUM
DU MEXIQUE.

Alstrœmère. — Plusieurs espèces, toutes vivaces. — ALSTRŒMÈRE DU CHILI (*Alstrœmeria versicolor*). Hauteur, 60 centimètres à 1 mètre ; en août, fleurs rose pâle ou jaune orange selon les variétés ; multiplication par semis, qu'on pratique d'avril en juin en pépinière ; repiquage en pépinière ; mise en place en septembre-octobre dans un sol léger. — ALSTRŒMÈRE PERROQUET OU LIS DES INCAS (*Alstrœmeria pelegrina*). d'août à octobre, fleurs roses tachetées de violet ; même multiplication.

Althæa rosea. — V. Rose trémière.

Alysse. — Deux espèces principales : — ALYSSE CORBEILLE-D'OR (*Alyssum saxatile*). Plante vivace ; hauteur 20 à 30 centimètres ; fleurs jaunes ; reproduction par semis en pépinière, de mai à juillet ; repiquage en pépinière ; mise en place à l'automne ou au printemps ; bouturage pendant toute l'année pour les variétés à fleurs doubles. — ALYSSE ODORANT OU CORBEILLE-D'ARGENT (*Alyssum maritimum*). Plante vivace souvent cultivée comme annuelle, convenant bien pour bordures; hauteur, 20 à 25 centimètres; fleurs blanches d'une odeur suave à partir de mai; semis en août en pépinière; repiquage en pépinière; couche de litière pendant l'hiver; mise en place en avril à 30 centimètres d'intervalle; on peut encore semer en avril-mai en pépinière; la floraison s'effectue alors à partir de la fin de juillet; une variété à feuilles panachées est fréquemment cultivée; on la multiplie par boutures qu'on hiverne sous châssis.

Amarante. — Espèces et variétés très nombreuses toutes annuelles. — AMARANTE QUEUE-DE-RENARD (*Amarantus caudatus*). Hauteur, 60 à

Amarante gigantesque.

Amarante tricolore.

80 centimètres; à partir de la fin de juin, fleurs pendantes, en grappes rouge vif ou jaunes selon la variété; semis en fin avril ou en mai, en pépinière à bonne exposition; repiquage en pépinière; mise en place dans le courant de juin en espaçant les sujets de 40 à 50 centimètres; engrais abondants. — AMARANTE GIGANTESQUE (*Amarantus speciosus*). Tige de 1m,50 environ de hauteur; de juillet à septembre fleurs cramoisies réunies en épis dressés; même culture que la précédente. — AMARANTE TRICOLORE (*Amarantus tricolor*). Hauteur 80 centimètres à 1 mètre; fleurs insignifiantes; en revanche feuilles très ornementales rouges à la base, jaunes au milieu, vertes à la pointe; il en existe une variété bicolore dont la feuille est moitié verte moitié jaune, une autre dont la feuille est rouge vif et rouge sombre et une troisième à feuille rouge vif luisant, connue sous le nom d'Amarante

mélancolique très rouge; semis sur couche en avril, repiquage sur couche, mise en place en fin mai. — AMARANTE CRÊTE-DE-COQ ou CÉLOSIE (*Celosia cristata*). Plante de taille variable à fleurs de couleurs diverses, selon qu'on cultive telle ou telle variété, et disposées sur une tige dilatée aplatie et contournée en forme de crête; floraison depuis juin jusqu'en octobre; semis en avril sur couche; repiquage sur couche; mise en place en fin mai en éloignant les grandes variétés de 30 à 35 centimètres et les variétés naines de 20 à 25; pour obtenir des fleurs aussi grandes que possible, on peut pratiquer deux repiquages successifs sur couche, mettre en place dans un sol abondamment fumé d'engrais consommé et arroser fréquemment en été.

Amarantoïde (*Gomphrena*). — Les Amarantoïdes sont annuelles; on peut les cultiver en corbeilles, en plates-bandes ou en bordures; les fleurs séchées conservent très bien leur couleur, aussi leur a-t-on donné le nom d'Immortelles; on en distingue plusieurs variétés : Amarantoïde violette, à fleurs d'un violet luisant; Amarantoïde blanche, à fleurs d'un blanc jaunâtre; Amarantoïde blanc carné, à fleurs couleur de chair; Amarantoïde rose; Amarantoïde panachée, à fleurs blanches tachetées de violet. Toutes se sèment en mars-avril sur couche, se repiquent sur couche et sont plantées à demeure en fin mai, à 25 ou 30 centimètres les unes des autres; sol léger à bonne exposition.

Amaryllis. — Les Amaryllis sont bulbeuses et vivaces; on en cultive plusieurs espèces. — AMARYLLIS BEL-LADONE (*Amaryllis Belladona*). Hauteur, 80 centimètres à 1 mètre; d'août à octobre, fleurs roses d'une odeur suave; multiplication en juin-juillet par division des ognons qu'on plante immédiatement à 25 ou 30 centimètres de profondeur, en espaçant de 30 centimètres; espèce rustique. — AMARYLLIS AGRÉABLE (*Amaryllis blanda*). Hauteur, 1 mètre environ; fleurs blanches devenant

Amaryllis Belladone.

roses en vieillissant; multiplier par division des caïeux en juin-juillet; châssis ou serres froides sous le climat de Paris. — AMARYLLIS DE JOSÉ-PHINE (*Amaryllis Josephinæ*). Hauteur, 25 à 30 centimètres; fleurs roses rayées de rouge vif; réclame des châssis pour croître en pleine terre sous le climat de Paris. — AMARYLLIS MAGNIFIQUE OU LIS DE SAINT-JACQUES (*Amaryllis formosissima*). Hauteur, 25 à 30 centimètres ; hampe portant une ou deux fleurs d'un rouge écarlate paraissant en juillet ; multiplication en mai par séparation des caïeux, qu'on plante à bonne exposition dans un sol frais et léger, abondamment fumé ; hiverner en serre ou sous châssis. — AMARYLLIS DE GUERNESEY (*Amaryllis sarniensis*). Tige florale de 40 à 50 centimètres portant de huit à dix fleurs d'un rouge vif, paraissant en septembre-octobre ; ne fleurit pas régulièrement chaque année ; même culture que l'espèce précédente. — AMARYLLIS JAUNE OU LIS NARCISSE (*Amaryllis lutea*). Hampe uniflore de 8 à 12 centimètres ; en septembre-octobre, fleur d'un jaune doré ; division des bulbes en juillet ; espèce rustique.

Ancolie. — Les Ancolies sont vivaces ; on cultive plusieurs espèces. — ANCOLIE DES JARDINS OU ANCOLIE COMMUNE (*Aquilegia vulgaris*). Hauteur, 80 centimètres à 1 mètre ; fleurs simples ou doubles, blanches, roses, rouges ou violettes, unies ou panachées selon les variétés ; floraison en mai-juin. — ANCOLIE DE SIBÉRIE (*Aquilegia sibirica*). Plante touffue atteignant 40 centimètres ; fleurs doublés dressées, de couleur bleue. — ANCOLIE DES ALPES (*Aquilegia alpina*). Hauteur, 30 centimètres ; grandes fleurs pendantes bleu clair, paraissant en juillet-août. — ANCOLIE DU CANADA (*Aquilegia canadensis*). Tiges s'élevant à 50 ou 60 centimètres ; fleurs rouges en mai et juin ; terre fraîche et légère à une exposition demi-ombragée. — ANCOLIE BLEUE (*Aquilegia*

Ancolie bleue.

cærulea). Tiges dressées; en mai, fleurs blanches liliacées à la base; variétés à fleurs blanches et à fleurs doubles. — ANCOLIE A FLEURS DORÉES (*Aquilegia chrysantha*). Plante rustique atteignant 1ᵐ,20 de hauteur; en juin-juillet, fleurs jaune vif. On cultive des Ancolies hybrides extrêmement remarquables, aux couleurs les plus variées. Les Ancolies peuvent être propagées de semis pratiqué d'avril en juin, en pépinière et à l'ombre; la levée a lieu au printemps suivant; on repique; en automne, on met en place; il arrive plus fréquemment qu'on multiplie par division des pieds soit en automne, soit au printemps.

Andromède. — Plusieurs espèces de ce genre sont fréquemment cultivées dans nos jardins. — ANDROMÈDE A FEUILLES DE CASSINÉ (*Andromeda cassinefolia*). Buisson de 70 centimètres à 1 mètre de haut; grandes fleurs blanches en forme de clochettes, paraissant en juillet et août. — ANDROMÈDE DU MARYLAND (*Andromeda mariana*). Buisson pouvant atteindre 1 mètre de hauteur; fleurs blanches en grappes paraissant en juillet. — ANDROMÈDE A FEUILLES DE POULIOT (*Andromeda polifolia*). Hauteur, 20 à 30 centimètres; pendant tout l'été, fleurs blanches ou roses en forme de grelot. On cultive de préférence les Andromèdes en terre de bruyère à une exposition demi-ombragée; la multiplication se fait par semis en pleine terre et sous châssis, ou par marcottes. On taille les Andromèdes après la floraison.

Anémone. — Espèces et variétés en très grand nombre, toutes vivaces. — ANÉMONE DES FLEURISTES (*Anemone coronaria*). Tige de 25 à 30 centimètres de hauteur; floraison en avril-mai; nombreuses variétés à fleurs simples, semi-doubles ou doubles de teintes variées, parmi lesquelles : Anémone à fleurs de Chrysanthème, Anémone de Caen, Anémone double Chapeau de cardinal; multiplication par semis en pépinière en mars-avril ou en juin-juillet, ce qui permet d'obtenir des variétés nouvelles, ou par division des tubercules ou pattes avant la plantation à partir de février, en ayant soin de conserver un bourgeon à chaque fragment, ce qui permet de fixer les variétés; pendant l'hiver, on peut laisser les pattes en terre en les couvrant de litière, ou les arracher après la floraison pour les conserver dans un lieu sec et les replanter à l'époque voulue; terre légère. — ANÉMONE ŒIL-DE-PAON (*Anemone pavonina*). Tige de 30 centimètres; fleurs cramoisies avec un œil jaune au centre; même culture que l'espèce précédente. — ANÉMONE ÉTOILÉE (*Anemone stellata*). Hauteur, 20 centimètres; fleurs rose foncé; même culture que les précédentes. — ANÉMONE DES APENNINS (*Anemone apennina*). Hauteur, 15 centimètres; petites fleurs bleues en mars-avril; même culture. — ANÉMONE DU JAPON (*Anemone japonica*). Tiges de 50 à 80 centimètres de hauteur; fleurs roses et blanches en septembre; multiplication d'éclats de pieds à la fin de l'automne ou au commencement du printemps; terre légère et fraîche; exposition demi-ombragée. — ANÉMONE HÉPATIQUE (*Anemone hepatica*). Hauteur,

ANÉMONE
DES FLEURISTES SIMPLE DE CAEN VARIÉE.

10 à 15 centimètres; fleurs roses, blanches ou bleues, simples ou doubles; pendant la floraison ou en septembre-octobre, multiplication par éclats, ce qui a lieu en général tous les trois ans.

Anthémis d'Arabie (*Anthemis arabica*). — Hauteur, 50 centimètres environ; de juillet à septembre, fleurs jaunâtres d'une odeur pénétrante; il en existe une variété à fleurs pourpres; multiplication par semis en mars-avril, en pépinière ou en place.

Aquilegia. — V. Ancolie.

Arabette printanière (*Arabis alpina*). — Plante vivace de 15 centimètres environ de hauteur; en mars-avril, fleurs blanches; on peut semer d'avril à juillet en pépinière, pour repiquer en pépinière et mettre en place en automne, mais on multiplie surtout cette plante par division des touffes qu'on doit pratiquer après la floraison; paillis en été.

Arénaire ou Sabline de Mahon (*Arenaria balearica*). — Plante vivace utilisée pour bordures, et qui a l'aspect d'un gazon touffu; en avril-mai, petites fleurs blanches en très grand nombre; multiplication par semis d'avril à juillet en pots ou en pépinière, et surtout par éclats ou boutures à toute époque.

Argémone à grandes fleurs (*Argemone grandiflora*). — Plante annuelle de 70 à 80 centimètres de hauteur; fleurs blanches larges de 8 centimètres, de juillet en septembre; semis en mars sur couche, pour repiquer sur couche et mettre en place en mai, ou semis en avril-mai en place.

Aristoloche siphon (*Aristolochia sipho*). — Arbrisseau grimpant pouvant atteindre 8 à 10 mètres de hauteur, et qui sert à garnir

les tonnelles ; feuilles larges ; en juin et juillet, fleurs rouge sombre
en forme de pipe ; multiplication par semis ou par marcotte avec
incision qu'on pratique à l'endroit d'un nœud ; très rustique.

Asclépiade. — Plusieurs espèces sont cultivées. — ASCLÉPIADE A LA
OUATE (*Asclepias Cornuti*). Plante vivace ; hauteur, 1ᵐ,40 à 2 mètres ;
en juillet-août, fleurs roses odorantes ; multiplication par éclats ou
par semis en juin-juillet, en pépinière, pour repiquer en pépinière et
mettre en place soit en automne, soit au printemps ; terre fraîche et
légère à toute exposition. — ASCLÉPIADE INCARNATE (*Asclepias incar-
nata*). Plante vivace atteignant 1 mètre de hauteur ; en juillet, fleurs
rouges exhalant une légère odeur de vanille ; même culture que l'espèce précédente. — ASCLÉPIADE TUBÉREUSE (*Asclepias tuberosa*). Vivace ;
hauteur, 60 centimètres ; pouvant servir à la formation des massifs ;
fleurs rouge safrané, même culture. — ASCLÉPIADE DE CURAÇAO (*Asclepias curassavica*). Plante vivace de 60 centimètres de hauteur ; fleurs
rouges ; semis sur couche en février-mars ; repiquage sur couche ; mise
en place en juin à bonne exposition.

Aspérule odorante ou Muguet des bois (*Asperula odorata*). — Plante
vivace ayant généralement 20 centimètres de hauteur ; en mai, fleurs
blanches odorantes ; se multiplie de préférence par division des touffes
en août-septembre ou en avril. On peut encore semer en pépinière à
partir d'avril jusqu'en juillet, pour repiquer en pépinière et mettre en
place en automne ou au printemps ; exposition ombragée.

Asphodèle.—Nous mentionnerons deux espèces :— ASPHODÈLE RAMEUX
(*Asphodelus ramosus*). Vivace ; hauteur, 1 mètre environ ; fleurs blanches
paraissant en mai ; multiplication au printemps par œilletons, qu'on
détache des vieux pieds et qu'on plante en espaçant de 50 centimètres,
ou par semis en pots d'avril en juin pour repiquer en pots et mettre
en place au printemps suivant ; terre saine à bonne exposition. —
ASPHODÈLE JAUNE (*Asphodelus luteus*). Plante vivace de 1 mètre de
haut ; en mai-juin, fleurs jaunes ; même culture.

Aster. — On en compte de nombreuses espèces pour la plupart vivaces ; ce sont des plantes très épuisantes qu'il est nécessaire de changer
de sol tous les trois ou quatre ans. — ASTER ŒIL-DE-CHRIST (*Aster
amellus*). Plante rustique ; hauteur, 50 à 60 centimètres ; en août-septembre, fleurs à rayons d'un bleu lilas et à centre jaune ; multiplication
par semis en février sur couche tiède, pour repiquer sur couche et
mettre en place au printemps ou, ce qui se fait plus fréquemment,
division des touffes en février-mars ou en septembre-octobre pour
mettre les plants séparés en pépinière ; sol léger et frais ; exposition de
préférence demi-ombragée. — ASTER DE LA NOUVELLE-ANGLETERRE

(*Aster Novæ-Angliæ*). Hauteur, 1m,50; fleurs paraissant en septembre, rayons violets, disque jaune rougeâtre; même culture. — ASTER TRÈS ÉLÉGANT (*Aster formosissimus*). Hauteur, 1 mètre; en septembre, fleurs lilas à disque pourpre; même culture. — ASTER DES ALPES (*Aster alpinus*). Hauteur, 15 à 20 centimètres; fleurs paraissant en juillet, rayons bleu pâle, disque jaune puis purpurin; même culture. — ASTER DES PYRÉNÉES (*Aster pyrenæus*). Tiges de 50 à 60 centimètres; fleurs se montrant de juin en août, rayons violet clair, disque jaune pâle; même culture. — ASTER DE REEVERS (*Aster Reeversi*). Tiges de 30 à 40 centimètres; fleurs petites d'un blanc rosé; même culture. — ASTER HORIZONTAL (*Aster horizontalis*). Tiges de 70 centimètres; en septembre-octobre, fleurs d'un blanc pur, passant au rose; même culture.

Aster Œil-de-Christ.

Aster de Chine. — V Reine-Marguerite.

Azalée.

Auricule. — V. Primevère Auricule.

Azalée. — Les Azalées de plein air sont des arbrisseaux pouvant atteindre une hauteur de 4 mètres. Comme ils sont naturellement buissonnants, ils se prêtent admirablement à la formation des massifs. Ils croissent avec vigueur dans la terre de bruyère et se plaisent à une exposition demi-ombragée. On propage les Azalées soit par semis qu'on fait en avril dans un sol léger et sous châssis, soit par marcottes qu'on exécute au printemps. Les fleurs de ces arbrisseaux sont nombreuses; la couleur en est très variable; le parfum est des plus agréables. Citons parmi les Azalées les plus recherchées : l'Azalée Pontique, à fleurs rouge orangé; l'Azalée visqueuse, à fleurs blanches; l'Azalée a fleurs nues, dont les fleurs sont rouges; l'Azalée de Chine, à fleurs jaune orangé; l'Azalée de l'Inde, de petite taille, recherchée surtout comme plante d'appartement.

B

Baguenaudier. — Nous ne mentionnerons que deux espèces de Baguenaudier : — Baguenaudier ordinaire (*Colutea arborescens*). Arbrisseau atteignant 3 à 4 mètres de haut; fleurs jaunes, mordorées au centre, disposées en grappes; multiplication soit par graines, soit par les rejets ou drageons émis par la racine; terrain léger; taille en hiver. — Baguenaudier d'Éthiopie (*Colutea frutescens*). Annuel en pleine terre; tige rameuse atteignant 70 centimètres; fleurs d'un rouge vif en grappes; semis sur couche en mars-avril, pour repiquer sur couche et mettre en place en pleine terre, ou semis en juin-juillet en pépinière.

Balisier Canne d'Inde.

Balisier. — Nombreuses espèces. — Balisier Canne d'Inde (*Canna indica*). Plante vivace de 1m,50 de hauteur, convenant bien pour la décoration des grands jardins; d'août en octobre, fleurs rouges en épi. — Balisier gigantesque (*Canna gigantea*). Tiges s'élevant jusqu'à 2 mètres

de hauteur ; grandes et belles fleursd'un rouge foncé. — BA-LISIER A GRANDES FLEURS. Nombreuses variétés hybrides qui ne possèdent pas seulement un feuillage très ornemental, mais donnent encore de superbes fleurs d'un coloris très varié. — Les Balisiers peuvent se multiplier par semis de graines au printemps, qu'on pratique sur couche après avoir laissé tremper la semence dans l'eau pendant une huitaine de jours ; on repique en pots en juin, pour mettre en place en mai de l'année qui suit. On peut encore diviser et planter au printemps les tubercules qui ont passé l'hiver dans un lieu sec.

BALSAMINE CAMELLIA VARIÉE

Balsamine. — La Balsamine est une plante annuelle qui comprend plusieurs espèces. — BALSAMINE DES JARDINS (*Impatiens balsamina*). Hauteur, 50 à 60 centimètres ; de juin à octobre, fleurs unicolores ou panachées de couleurs variées, depuis le blanc jusqu'au violet, et depuis le violet jusqu'au rouge ; nombreuses variétés parmi lesquelles : Balsamine Camellia, Balsamine double, Balsamine double naine ; semis en avril-mai, en pépinière à bonne exposition ; repiquage en pépinière ; mise en place en mai-juin. — BALSAMINE GLANDULIGÈRE (*Impatiens glanduligera*). Tige de 1m,50 à 2 mètres ; fleurs couleur lie de vin ; même culture.

Barbeau. — V. Centaurée Bleuet, Centaurée odorante, Centaurée musquée, Centaurée de montagne.

Basilic. — Le Basilic est plutôt une plante potagère qu'une plante ornementale ; on en trouve cependant deux espèces dans les jardins d'agrément. — BASILIC COMMUN (*Ocimum basilicum*). Plante annuelle odorante de 30 centimètres environ de hauteur ; petites fleurs blanches insignifiantes ; semis en mars-avril, sur couche ; repiquage sur couche ; mise en place en mai. — BASILIC PETIT OU FIN VERT (*Ocimum minimum*). Hauteur, 20 centimètres ; même culture que le précédent.

Bégonia. — Il n'y a guère plus d'une vingtaine d'années que le Bégonia a commencé à se répandre dans nos jardins ; aujourd'hui cette belle plante y tient une place très importante et l'on en cultive un nombre considérable d'espèces et de variétés. — BÉGONIA A DEUX COULEURS (*Begonia discolor*). Plante vivace de 30 à 50 centimètres de hauteur; pendant tout l'été, fleurs élégantes d'un rose vif; différents modes de multiplication : 1° par les bulbilles qui naissent à l'aisselle des feuilles et tombent sur le sol pour se développer au printemps suivant, si l'hiver n'a pas été trop rigoureux; 2° par la plantation au printemps des fragments des tubercules qu'on a divisés après la floraison et conservés dans un lieu sec pendant l'hiver; 3° par boutures; 4° par semis de graines. Le Bégonia à deux couleurs veut avant tout une exposition ombragée; une terre légère et fraîche est celle qui lui convient le mieux. On l'utilise dans la formation des corbeilles situées à l'ombre, et pour l'ornementation des appartements.— BÉGONIA A FEUILLES VARIABLES (*Begonia diversifolia*). Plante vivace s'élevant à 50 ou 60 centimètres; fleurs assez grandes, de couleur rose vif, disposées en grappes; multiplication par bulbilles ou par semis en terrines et sous châssis en juin-juillet dans une terre sablonneuse, terre de bruyère, par exemple, mélangée de terreau; donner de l'air après la levée, repiquer en terrines et sous châssis au commencement d'août, cesser d'arroser à l'époque où les tiges périssent, retirer les tubercules et les conserver l'hiver dans un lieu sec; l'année suivante, en mai, plantation des tubercules sous châssis en plaçant un bourgeon en dessus; donner de l'air après la levée; enlever les châssis en juin; quelques jours après, transplantation en pleine terre en motte. — BÉGONIA TOUJOURS FLEURI (*Begonia semperflorens*). Plante annuelle atteignant de 25 à 40 centimètres, d'un bel effet dans les corbeilles et les bordures ; plusieurs variétés : Bégonia semperflorens nain compact blanc, Bégonia semperflorens à fleurs roses, Bégonia semperflorens à fleurs pourpre foncé, appelé encore Bégonia semperflorens Vernon. Les Bégonias toujours fleuris se multiplient par boutures faites en automne et recouvertes de châssis pendant l'hiver,

BEGONIA
TUBERCULEUX HYBRIDE ERECTA EN MÉLANGE.

où encore par semis pratiqué en septembre sous châssis ; le repiquage se fait en terrines ou en pots. — BÉGONIA DE WELTON (*Begonia weltoniensis*). Hauteur, 30 à 40 centimètres ; fleurs rose pâle pendant tout l'été ; plantation au printemps des tubercules arrachés après la floraison, puis bouturage avec les tiges émises.— BÉGONIA DE BOLIVIE (*Begonia boliviensis*). Plante vivace de 35 à 40 centimètres de hauteur ; feuilles ornementales bordées de rouge sombre ; fleurs nombreuses d'une belle couleur rouge orangé ; multiplication par semis et division des tubercules.

Les croisements entre différentes espèces et variétés de Bégonias ont donné naissance à des BÉGONIAS TUBÉREUX HYBRIDES réunissant toutes les qualités désirables. Il existe aujourd'hui un nombre considérable de ces hybrides qui, par la beauté de leurs feuilles et de leurs fleurs, méritent d'occuper l'une des premières places parmi les plantes d'ornement. Leur hauteur est généralement de 25 à 40 centimètres ; la couleur des fleurs varie du blanc au jaune et du jaune au rouge, des couleurs les plus pâles aux plus foncés ; il existe des variétés à fleurs panachées et des variétés à fleurs doubles. Dans la race ordinaire à grandes fleurs, celles-ci sont roses ou rouges ; elles sont de même couleur dans la race ordinaire à fleurs doubles. Le Bégonia erecta superba est un hybride qui ne dépasse pas ordinairement 30 centimètres de hauteur ; on a obtenu dans cette race de fleurs les couleurs les plus variées ; il en existe de nombreuses variétés et sous-variétés à fleurs doubles ; citons le Bégonia erecta double multiflore, race dont les plus belles variétés sont : le Bégonia Mᵐᵉ Courtois, à fleurs d'un blanc jaunâtre ; le Bégonia Soleil d'Austerlitz, rouge vif ; le Bégonia Mᵐᵉ Louis Urbain, rose vif.

Belle-de-jour.

Le semis et la plantation des tubercules des Bégonias hybrides s'effectuent comme nous l'avons indiqué pour le Bégonia diversifolia ; on peut aussi les propager par boutures au commencement de l'été.

Belladone. — V. Amaryllis Belladone.

Belle-de-jour (*Convolvulus tricolor*). — Plante annuelle de 30 à 35 centimètres ; fleurs bleues à la partie supérieure, blanches à la partie moyenne, jaunes au centre, se fermant la nuit; variétés à fleurs blanches, à fleurs panachées, à grandes fleurs violettes, à fleurs roses et à fleurs doubles ; toutes sont d'un bel effet soit en bordures, soit en plates-bandes, soit en corbeilles; semis d'avril en juin, en place.

Belle-de-nuit. — Plante dont les fleurs s'épanouissent après le coucher du soleil et restent ouvertes jusque dans la matinée; plusieurs espèces. — BELLE-DE-NUIT DES JARDINS (*Mirabilis jalapa*). Hauteur, 70 à 80 centimètres ; variétés à fleurs rouges, jaunes ou blanches, unicolores ou panachées; races demi-naines et naines. — BELLE-DE-NUIT ODORANTE (*Mirabilis longiflora*). Hauteur, 1 mètre; fleurs blanches exhalant une odeur suave; variété à fleurs violettes. — BELLE-DE-NUIT HYBRIDE (*Mirabilis hybrida*). Plante obtenue par le croisement des deux espèces précédentes. La Belle-de-nuit se multiplie par semis fait en avril-mai, soit en pépinière, soit en place; floraison de juillet à octobre.

Benoite écarlate (*Geum coccineum*). — Plante vivace de 40 à 50 centimètres de hauteur ; pendant tout

Belle-de-nuit des jardins.

l'été, fleurs rouge vif; semis en pépinière d'avril en juin à une exposition demi-ombragée ; repiquage en pépinière; mise en place en automne ou au printemps.

Bignone. — Les Bignones sont des plantes grimpantes assez cultivées. — BIGNONE A VRILLES (*Bignonia capreolata*). Feuilles persistantes; en mai et juin, fleurs d'un rouge marron ; couverture de litière sur le pied pendant l'hiver ; peu rustique sous le climat de Paris. — BIGNONE BLANCHE (*Bignonia Carolinæ*). Fleurs d'un blanc rosé, jaunâtres dans la gorge et d'une odeur agréable ; plante délicate sous le climat de Paris. — BIGNONE DE VIRGINIE (*Bignonia radicans*). En automne, fleurs d'une belle couleur rouge vif. — BIGNONE DE LA CHINE (*Bignonia grandiflora*). En août, fleurs d'une jolie couleur rouge. Les Bignones se multiplient par semis de graines sur couche, par marcottes, et enfin par boutures sous châssis. Ces plantes se taillent en hiver.

Bleuet. — V. Centaurée Barbeau.

Boule-de-neige. — V. Viorne.

Bouquet-parfait. — V. Œillet de poète.

Boussingaultie à feuilles de Baselle (*Boussingaultia baselloides*). —
Plante vivace grimpante pouvant atteindre jusqu'à 5 et 6 mètres de
hauteur; petites fleurs blanches odorantes en épis; multiplication par
boutures ou par la plantation en fin avril des fragments de tubercules
conservés en hiver dans un lieu sec; terre riche à bonne exposition.
Cette plante est surtout employée pour garnir les tonnelles.

Bouton-d'or. — V. Renoncule rampante et Renoncule âcre.

Brachycomé à feuilles d'Ibéride. (*Brachycome iberidifolia*). — Plante
annuelle de 20 à 30 centimètres de hauteur; fleurs bleues, blanches ou
roses, suivant les variétés; semis sur couche en mars; repiquage en
pots, ou en pleine terre à demeure vers la fin d'avril; s'emploie surtout pour bordures.

Broualle ou **Browallie élevée** (*Browallia elata*). — Plante annuelle de
30 à 40 centimètres de hauteur; de juin à septembre, fleurs bleu foncé,
jaunâtres à la gorge; variété à fleurs blanches; semis sur couche en
mars-avril; repiquage à demeure en mai; terre légère et riche exposée
au midi.

Brunelle à grandes fleurs (*Brunella grandiflora*). — Plante vivace de
20 centimètres de hauteur; fleurs bleues, pourpres, roses ou blanches
paraissant en juillet; semis en pépinière d'avril en juin; repiquage en
pépinière; mise en place en automne ou au printemps dans un sol léger,
ou, de préférence, multiplication par éclats en automne ou au printemps.

Bruyère. — On connaît un grand nombre d'espèces de cet arbrisseau; nous n'en citerons que quatre des plus répandues. — BRUYÈRE
COMMUNE (*Erica vulgaris*). Petite plante produisant de nombreuses
fleurs simples ou doubles, roses ou blanches. — BRUYÈRE CILIÉE (*Erica
ciliata*). En automne, fleurs pourpres ou blanches; terre humide. —
BRUYÈRE CENDRÉE (*Erica cinerea*). Fleurs pourpres, en été. — BRUYÈRE A
QUATRE RANGS (*Erica tetralix*). Fleurs roses ou blanches, simples ou
doubles, situées à l'extrémité des rameaux. Ces bruyères sont généralement cultivées en terre légère et sablonneuse, à une exposition demi-
ombragée; elles réclament en été de fréquents arrosages; on peut les
multiplier par semis en terrines et sous châssis, de préférence au prin-

temps, ou encore par boutures longues de 5 à 6 centimètres qu'on fait de même au printemps.

Buglosse. — On cultive différentes espèces. — BUGLOSSE D'ITALIE (*Anchusa italica*). Plante vivace formant de jolies touffes d'un mètre de hauteur ; de mai en août, fleurs d'un beau bleu ; semis en pépinière à partir d'avril jusqu'en juin ; repiquage en pépinière ; mise en place dans un sol quelconque en automne ou au printemps ; on peut aussi diviser les touffes au printemps. — BUGLOSSE TOUJOURS VERTE (*Anchusa sempervirens*). Plante vivace s'élevant à 1 mètre environ ; petites fleurs bleues, depuis mai jusqu'en juillet ; mêmes modes de reproduction que l'espèce précédente. — BUGLOSSE DU CAP (*Anchusa capensis*). Annuelle ou bisannuelle ; hauteur, 50 centimètres ; jolies fleurs bleues ; semis au printemps ou en automne ; abriter les plants en hiver sous châssis.

Buis commun (*Buxus sempervirens*). — Cette espèce compte plusieurs variétés, mais on trouve surtout dans nos jardins le Buis nain qu'on cultive souvent en bordure. Les feuilles de cet arbrisseau sont persistantes ; il croît dans tous les sols placés à une exposition ombragée ; on le multiplie par éclats de racines ou par boutures ; on le tond au printemps, afin d'aligner l'extrémité des branches.

Bulbocode printanier (*Bulbocodium vernum*). — Plante vivace bulbeuse ; en février-mars, fleurs pourpres ; multiplication par division des caïeux, de juillet à septembre ; terrain frais et léger à demi-ombre.

Buphthalme à grandes fleurs (*Buphthalmum grandiflorum*). — Plante vivace de 50 centimètres de haut ; en août, fleurs à rayons jaunes et à disque brun ; multiplication par semis d'avril en juin, ou par éclats en automne ou au printemps.

Buplèvre frutescent ou **Oreille de lièvre** (*Buplevrum fruticosum*). — Arbrisseau à feuilles persistantes, s'élevant à 1^m,50 de hauteur ; de juin en août, petites fleurs jaunes en ombelles ; reproduction par semis, marcottes ou boutures ; sol léger et frais ; exposition demi-ombragée.

C

Cacalie écarlate (*Cacalia sonchifolia*). — Plante annuelle de 40 à 50 centimètres de hauteur ; à partir de juillet fleurs pourpres, jaunes pour la variété à fleurs orangées ; semis en avril-mai en pépinière pour repiquer en place, ou même semis directement en place.

Caladium comestible (*Caladium esculentum*). — Plante vivace dont les feuilles, très ornementales, atteignent jusqu'à 1 mètre de longueur, et qu'on cultive surtout en massifs; fleurs insignifiantes; multiplication par division des tubercules; planter en mai dans un sol riche en engrais et recouvert d'un paillis non consommé; arroser abondamment pendant l'été; couper les feuilles à l'approche de l'hiver; arracher les tubercules quelques jours après pour les conserver à l'abri du froid jusqu'au printemps suivant.

Calandrinie. — Plusieurs espèces sont assez répandues. — CALANDRINIE A GRANDES FLEURS (*Calandrinia grandiflora*). Annuelle; hauteur 50 à 60 centimètres; en juillet et septembre, fleurs d'un rose tirant sur le violet, disposées en grappes. — CALANDRINIE EN OMBELLE (*Calandrinia umbellata*). Annuelle; hauteur, 10 à 15 centimètres; fleurs d'un beau rouge violacé très nombreuses. — CALANDRINIE DE LINDLEY (*Calandrinia speciosa*). Annuelle; hauteur, 30 à 40 centimètres; fleurs en grappes d'un rouge violet. Ces trois espèces se sèment en avril-mai en place, dans un sol léger exposé au midi.

Calcéolaire. — Plusieurs espèces ligneuses ou herbacées. — CALCÉOLAIRE HYBRIDE (*Calceolaria herbacea*). Plante bisannuelle de 50 à 60 centimètres de hauteur; fleurs en forme de poche, de couleur jaune, parfois ponctuées ou lavées de rouge; plusieurs variétés : Calcéolaire hybride anglaise, Calcéolaire hybride naine à grandes fleurs; multiplication par semis à l'ombre, de juin en août, dans des terrines ou des pots remplis de terre de bruyère sableuse qu'on maintient humide; repiquage en pots ou en pépinière en pleine terre; hiverner sous châssis. — CALCÉOLAIRE A FEUILLES RUGUEUSES (*Calceolaria rugosa*). Arbrisseau atteignant parfois 1 mètre de hauteur; pendant l'été, nombreuses fleurs d'une belle couleur jaune d'or; multiplication par semis ou par boutures sous châssis et sur couche, qu'on pratique au printemps ou à la fin de l'été.

CALCÉOLAIRE VIVACE HYBRIDE VARIÉE

Callirhoé à feuilles pédalées ou **à fleurs pourpres** (*Callirhoe pedata*). — Plante annuelle, rameuse; 80 centimètres; fleurs pourpres, blanches au centre, de juillet à octobre; variété naine qu'on emploie surtout pour les corbeilles; semis en place en fin avril, ou sur couche en mars-avril, repiquage sur couche; mise en place en mai.

Calycanthe de la Caroline (*Calycanthus floridus*). — Arbrisseau de 2m,50; fleurs rouge brun, odorantes; multiplication par rejets ou par marcottes incisées à l'endroit d'un nœud et qu'on ne sèvre que la seconde année; sol frais et léger; taille au printemps.

Calystégie pubescente (*Calystegia pubescens*). — Plante vivace; 1 mètre de hauteur; tiges volubiles, c'est-à-dire susceptibles de

CAMPANULE
CARPATICA VARIÉE.

s'enrouler autour d'un tuteur; de mai à septembre, grandes fleurs doubles de couleur rose; division des racines au printemps; sol léger à bonne exposition. On peut employer cette plante pour garnir les tonnelles.

Camellia du Japon (*Camellia japonica*). — Arbrisseau à feuilles persistantes dont on cultive un grand nombre de variétés qui diffèrent par la forme ou la couleur de leurs fleurs. On distingue des variétés à fleurs doubles, à fleurs pleines, à fleurs imbriquées, à fleurs de Pivoine, à fleurs d'Anémone, de couleur blanche, rose, rouge, soit unicolores, soit ponctuées ou panachées. Dans le Midi et dans l'Ouest, cet arbrisseau est presque toujours cultivé en plein air; dans le Nord, au contraire, on a souvent recours aux serres où il est placé en pots ou en caisses dans de la terre de bruyère à laquelle on a mélangé un peu de terreau. On le multiplie par semis, boutures ou marcottes par incision, sous châssis dans les régions où il est cultivé en plein air; on peut encore en juillet greffer en placage les sujets placés en pots; on ombre jusqu'à ce que la reprise se soit effectuée. Le Camellia prend facilement toutes les formes qu'on veut lui donner; on le taille au printemps.

Campanule. — Plante des plus répandues présentant un très grand nombre d'espèces distinctes. — CAMPANULE A GROSSES FLEURS (*Campa-*

nula Medium). Plante bisannuelle à tige rameuse s'élevant à 50 ou 60 centimètres; grandes fleurs en cloche d'un violet bleuâtre; nombreuses variétés à fleurs simples ou doubles de couleurs variables; semis en pépinière d'avril en juin; repiquage en pépinière; mise en place au printemps. — CAMPANULE A FLEURS EN TÈTE (*Campanula glomerata*). Plante vivace atteignant de 40 à 50 centimètres de haut; fleurs blanches ou bleues groupées à l'extrémité des rameaux; variétés principales : Campanule à fleurs doubles et Campanule élégante; multiplication par division des touffes ou plantation des rejets au commencement de l'automne ou du printemps. — CAMPANULE GANTELÉE (*Campanula trachelium*). Vivace; hauteur, 60 à 80 centimètres; en juillet-août, fleurs bleues ou blanches, simples ou doubles selon la variété; séparation des touffes au commencement de l'automne ou du printemps.— CAMPANULE DES MONTS CARPATHES (*Campanula carpatica*). Plante vivace de 20 à 30 centimètres de haut; fleurs en cloche blanches ou bleues; semis d'avril en juin, en pépinière ou en pots; repiquage en place; on peut encore multiplier cette plante par éclats. — CAMPANULE PYRAMIDALE (*Campanula pyramidalis*). Vivace; hauteur, 1m,50 environ; fleurs bleues ou blanches en longues grappes; semis d'avril en juin en pépinière; repiquage en pépinière; mise en place au printemps. — CAMPANULE A FEUILLES DE PÊCHER (*Campanula persicæfolia*). Vivace; hauteur, 40 à 50 centimètres; fleurs en grappes, bleu pâle ou blanches; même culture que la Campanule des Carpathes. — CAMPANULE MIROIR-DE-VÉNUS (*Campanula speculum*). Plante annuelle de 20 à 30 centimètres; fleurs violettes, blanches ou lilas, simples ou doubles; semis en avril-mai, en pépinière ou en place.

Canna ou **Canne d'Inde.** — V. Balisier.

Capucine grande, variété Tom Pouce.

Capucine grande (*Tropæolum majus*). — Plante annuelle, grimpante, pouvant atteindre jusqu'à 2 mètres de hauteur; grandes fleurs de couleur pourpre ou jaune orange; nombreuses variétés à fleurs de couleurs variables; variétés naines; semis en avril-mai, en place ou en pépinière. Cette espèce a fourni avec la CAPUCINE DE LOBB (*Tropæolum lobbianum*) des hybrides remarquables.

Carafée. — V. Giroflée jaune.

Caragana. — Arbuste atteignant 2 mètres de hauteur. — CARAGANA FRUTESCENT (*Caragana frutescens*). Fleurs jaunes paraissant en mai; multiplication par semis. — CARAGANA A GRANDES FLEURS (*Caragana grandiflora*). Espèce dont les feuilles et les fleurs sont plus grandes que chez la précédente; même reproduction. — CARAGANA CHAMLAGU (*Caragana Chamlagu*). Espèce rustique à feuilles luisantes et à fleurs jaunes devenant acajou en vieillissant; même multiplication que les espèces précédentes.

Carthame des teinturiers (*Carthamus tinctorius*). — Annuel; hauteur, 60 à 80 centimètres; de juin jusqu'en août, fleurs d'une belle couleur safranée; semis en poquets et en place au printemps.

Casque de Jupiter. — V. Aconit napel.

Casse du Maryland (*Cassia marylandica*). — Vivace; tiges de 1^m,50 à 2 mètres de hauteur; en septembre-octobre, fleurs d'un beau jaune; semis en avril-mai, en pépinière, à une exposition chaude; repiquage en place, au printemps suivant, en espaçant les pieds de 50 à 60 centimètres.

Célosie. — V. Amarante Crête-de-coq.

Centaurée. — Espèces et variétés nombreuses. — CENTAURÉE D'AMÉRIQUE (*Centaurea americana*). Plante annuelle de 1 mètre à 1^m,20 de hauteur; fleurs bleu lilas; semis en pépinière en septembre pour repiquer en pépinière et mettre en place en avril, ou semis en avril sur couche, pour repiquer sur couche et mettre en place en mai. — CENTAURÉE ODORANTE (*Centaurea Amberboi*). Annuelle; hauteur, 50 à 60 centimètres; fleurs jaunes à partir de juin jusqu'en août; semis en avril, en pépinière ou sur couche; plantation à demeure en mai. — CENTAURÉE AMBRETTE OU MUSQUÉE (*Centaurea moschata*). Annuelle; hauteur, 50 à 60 centimètres; fleurs violettes ou blanches; semis en place ou en pépinière en avril-mai. — CENTAURÉE BARBEAU OU BLEUET DÈS JARDINS (*Centaurea cyanus*). Plante annuelle pouvant s'élever jusqu'à 1 mètre; fleurs bleues, violettes, roses, blanches, quelquefois ponctuées ou panachées; variété à fleurs doubles; semis en place ou sur couche en avril; dans le second cas, on met en place en mai. — CENTAURÉE A GROSSES TÊTES

Centaurée Bleuet.

(*Centaurea macrocephala*). Vivace; hauteur, 80 centimètres; fleurs jaune doré en juillet-août; semis en avril-mai en pépinière, repiquage en pépinière; mise en place en automne ou au printemps; on peut encore diviser les touffes au printemps ou en automne. — CENTAURÉE DES MONTAGNES (*Centaurea montana*). Vivace; hauteur, 30 à 40 centimètres; d'avril en juin, fleurs blanches, roses ou lilas; mêmes modes de reproduction que l'espèce précédente. — CENTAURÉE CINÉRAIRE (*Centaurea candidissima*). Plante vivace de 25 à 30 centimètres, souvent employée en bordures; feuillage argenté,

Chèvrefeuille.

couvert d'un duvet cotonneux; fleurs jaune d'or; semis en février-mars sur couche, pour repiquer en pots sur couche, et mettre en place en mai-juin, ou en juillet-août en pépinière en pots, pour repiquer en pots; hiverner sous châssis et mettre en place en mai-juin; on peut encore reproduire cette plante par drageons ou œilletons, en pots, en juin-juillet.

Centranthus. — V. Valériane.

Céraiste. — Plante dont on trouve dans nos jardins deux espèces principales : — CÉRAISTE A GRANDES FLEURS (*Cerastium grandiflorum*). Plante vivace de 15 à 20 centimètres qu'on emploie surtout pour bordures; fleurs blanches; semis d'avril en juin, en pots qu'on place à une exposition demi-ombragée; repiquage en place au printemps de l'année suivante; on peut encore diviser les touffes tous les deux ans, au commencement de l'automne ou du printemps. — CÉRAISTE COTONNEUX (*Cerastium tomentosum*). Vivace; tiges et feuilles couvertes de poils argentés ; en mai-juin, fleurs blanches; même culture.

Chariéide hétérophylle. — V. Kaulfussie amelloïde.

Cheiranthus. — V. Giroflée.

Chénostome. — Petite plante de 20 à 30 centimètres cultivée comme annuelle. — CHÉNOSTOME MULTIFLORE (*Chænostoma polyanthum*). Tige rameuse; en été, nombreuses petites fleurs d'un blanc rosé disposées en grappes; semis sur couche en fin mars; repiquage sur couche; mise en place en fin mai. — CHÉNOSTOME FASTIGIÉ (*Chænostoma fastigiatum*). Petites fleurs roses ou rougeâtres, en grappes; même culture.

Chèvrefeuille. — Les Chèvrefeuilles se plaisent surtout dans un sol frais et léger, à une exposition demi-ombragée. — CHÈVREFEUILLE COMMUN (*Lonicera caprifolium*). Tige volubile; en mai et juin, fleurs rouges odorantes.— CHÈVREFEUILLE D'AUTOMNE (*Lonicera etrusca*). Tige volubile; floraison depuis juin jusqu'en automne. — CHÈVREFEUILLE TOUJOURS VERT (*Lonicera sempervirens*). Fleurs rouge vif en dehors et jaunes en dedans. — CHÈVREFEUILLE A FLEURS JAUNES (*Lonicera flava*). Fleurs odorantes d'un jaune brillant. — CHÈVREFEUILLE DE TARTARIE (*Lonicera tartarica*). Arbrisseau de 3 mètres environ; en mars-avril, fleurs blanches, roses ou rouges, suivant les variétés. Les Chèvrefeuilles se multiplient par semis, rejets et marcottes.

Chou. — Quoique le Chou soit généralement cultivé comme plante potagère, certaines espèces sont néanmoins très ornementales et se prêtent à la décoration des corbeilles et des plates-bandes. Les Choux frisés et panachés, en effet, ont un feuillage élégant dont les couleurs sont très vives après les premières gelées. On les sème généralement en mai, en pépinière; on repique en pépinière pour planter à demeure en pleine terre; on peut aussi repiquer en place en pleine terre.

Chrysanthème. — Plante très répandue, comprenant des espèces et des variétés innombrables.— CHRYSANTHÈME DES JARDINS (*Chrysanthemum coronarium*). Plante annuelle, buissonnante, s'élevant à 1 mètre de hauteur; de juin jusqu'aux gelées, fleurs à rayons jaune foncé et à disque jaune verdâtre;

CHRYSANTHÈME
A CARÈNE HYBRIDE DE BURRIDGE VARIÉ

variété à fleurs blanches; semis en place ou en pépinière en avril-mai; terre légère de préférence; bonne exposition. — CHRYSANTHÈME A CARÈNE (*Chrysanthemum carinatum*). Plante annuelle de 45 à 50 centimètres de hauteur; de juillet à septembre, fleurs à rayons blancs, jaunes à leur base, et à disque brun; variétés à fleurs blanches, brunes, jaunes, rouge violacé, variété tricolore de Burridge, à grosses fleurs dont les rayons sont blancs, pourprés et jaunes et le disque brun; variété à carène hybride de Burridge, obtenue par croisement; même culture. — CHRYSANTHÈME DE L'INDE (*Chrysanthemum indicum*). On réunit sous ce nom un grand nombre de Chrysanthèmes vivaces parfois assez différents; suivant les variétés, les fleurs sont plus ou moins doubles et de couleur rouge, pourpre, rose, jaune ou blanche; on distingue les Chrysanthèmes pompons, plantes de petite taille et à très petites fleurs régulières; les Chrysanthèmes à grandes fleurs régulières, pouvant atteindre une hauteur assez considérable; les Chrysanthèmes japonais, dont les fleurs chevelues sont généralement très développées. Les Chrysanthèmes de l'Inde peuvent être multipliés par semis sur couche tiède et sous châssis, de février en avril, à demi-ombre; on aère de temps en temps; on repique en pépinière; on peut encore semer en juin-juillet, en pleine terre. Le semis s'emploie surtout pour obtenir des variétés nouvelles, aussi multiplie-t-on plus souvent par division des touffes au printemps ou par boutures faites à la même époque, sur couche et sous châssis.

Cinéraire hybride à grandes fleurs.

Cinéraire. — Les Cinéraires sont de très jolies plantes qu'on cultive soit pour les fleurs, soit pour le feuillage. — CINÉRAIRE HYBRIDE A

GRANDES FLEURS (*Cineraria cruenta*). Plante bisannuelle de 50 à 60 centimètres; on a obtenu par sélection de nombreuses variétés à fleurs blanches, pourpres, roses, lilas, violettes ou bleues; on cultive aussi des variétés naines et des variétés à fleurs doubles; semis en pépinière en juin-juillet, dans une terre légère, à demi-ombre; repiquage en pots, qu'on met en automne sous châssis; pincement des tiges; on peut cultiver les Cinéraires en pots et leur donner des pots de plus en plus grands au fur et à mesure qu'elles se développent; on les multiplie quelquefois en éclatant les bourgeons qui naissent à la base des tiges; elles sont très sensibles au froid et une gelée suffit pour les faire périr. — CINÉRAIRE MARITIME (*Cineraria maritima*). Plante vivace à feuilles persistantes s'élevant à 65 centimètres; de juillet en octobre, fleurs d'un jaune vif; semis en mai-juin en pleine-terre; repiquage en pots qu'on place sous châssis en hiver; mise en place en avril-mai; on multiplie encore cette plante par division des touffes, plantation des rejets, ou boutures faites en automne ou au printemps.

Clarkie élégante.

Clarkie. — On en cultive plusieurs jolies espèces. — CLARKIE GENTILLE

(*Clarkia pulchella*). Annuelle; hauteur, 40 à 50 centimètres; grandes fleurs blanches, roses ou pourpres, simples ou doubles; variété naine; semis en place ou en pépinière, en automne ou au printemps. — CLAR-KIE ÉLÉGANTE (*Clarkia elegans*). Plante annuelle de 50 à 60 centimètres; de juin à septembre, fleurs simples ou doubles, blanches, roses ou violettes; même culture; plates-bandes ou corbeilles.

Clématite. — Les Clématites sont presque toutes grimpantes; elles se plaisent dans un sol léger à bonne exposition; on les multiplie le plus souvent par marcottes qu'on ne sèvre que la seconde année, ou par la greffe sur l'espèce commune. — CLÉMATITE DE LA CAROLINE (*Clematis viorna*). Fleurs rouges en dehors, d'un blanc jaunâtre à l'intérieur. — CLÉMATITE VITICELLE (*Clematis viticella*). De juin à septembre, fleurs roses, rouges ou bleues. — CLÉMATITE ODORANTE (*Clematis flammula*). En juillet, petites fleurs blanches en grappes exhalant une odeur suave. — CLÉMATITE DE MONGOLIE (*Clematis graveolens*). Fleurs jaunâtres d'une odeur désagréable. — CLÉMATITE A GRANDES FLEURS (*Clematis patens* et *lanuginosa*). En mai et juin, grandes et belles fleurs de couleurs variables. — CLÉMATITE DES MONTAGNES (*Clematis montana*). Grandes fleurs blanches d'une odeur agréable.

Cléthra. — Les Cléthras se plaisent à l'ombre dans un sol frais et léger. — CLÉTHRA A FEUILLES D'AULNE (*Clethra alnifolia*). Hauteur, 2 mètres; en août, petites fleurs blanches odorantes disposées en épis; multiplication par semis sous châssis à froid et par marcottes et drageons. — CLÉTHRA TOMENTEUX (*Clethra tomentosa*). Hauteur, 1m,50; en été, fleurs blanches groupées en épis; même culture.

Clintonie charmante ou délicate (*Clintonia pulchella*).—Plante annuelle de 10 à 15 centimètres; fleurs d'un beau bleu s'épanouissant en juillet-août; semis en pépinière ou en place, en avril-mai, dans une terre légère à une exposition demi-ombragée.

Cobée grimpante (*Cobæa scandens*). Plante cultivée en pleine terre comme annuelle, et pouvant atteindre 7 à 8 mètres; jolies fleurs violacées en cloche; semis sur couche tiède en mars; repiquage sur couche; mise en place en fin mai; terre légère; exposition du midi; on peut employer cette plante pour garnir les tonnelles.

Cognassier du Japon (*Chænomeles japonica*). — Arbrisseau épineux s'élevant à 1m,50 de hauteur; en mars-avril, nombreuses fleurs en groupes d'une belle couleur rouge foncé; fruits aromatiques en forme de coing; semis, marcottage ou boutures dans un sol frais et léger; la taille se fait après la floraison.

Colchique. — Les Colchiques sont bulbeux; on les cultive souvent en bordure. — COLCHIQUE D'AUTOMNE (*Colchicum autumnale*). Chaque bulbe donne, en septembre, de 4 à 12 fleurs d'un lilas tirant sur le rose; variétés à fleurs blanches, à fleurs pourpres, à fleurs panachées, à fleurs doubles. — COLCHIQUE PANACHÉ (*Colchicum variegatum*). En septembre, fleurs roses tachées de petits carreaux pourpres. — COLCHIQUE D'ORIENT (*Colchicum byzantinum*). En septembre-octobre, fleurs d'un rose violacé; chaque bulbe peut en donner de 12 à 15. — COLCHIQUE DES ALPES (*Colchicum alpinum*). Petit bulbe ne produisant qu'une fleur rose foncé; plante se plaisant surtout en terre de bruyère. Les Colchiques peuvent se multiplier par semis en pépinière, qu'on pratique d'avril en juillet, mais on a plus souvent recours à la plantation des caïeux en août, en les éloignant de 20 centimètres environ.

Coleus. — Plante à feuillage coloré, vivace en serre. — COLEUS-DE-VERSCHAFFELT (*Coleus Verschaffelti*). Hauteur, 50 centimètres; feuillage pourpre bordé de vert; corbeilles ou

Colchique panaché.

bordures. Cette espèce a produit avec le COLEUS DE BLUME (*Coleus Blumei*) des hybrides remarquables. Les Coleus se sèment en février-mars sur couche chaude; on repique dans de petits pots qu'on enfonce dans la couche; en mai-juin on met en place en pleine terre; on peut aussi bouturer ces plantes; le pincement des rameaux présente l'avantage de les faire ramifier, mais il ne faut le pratiquer que lorsqu'on ne veut pas obtenir de graines.

Collinsie. — Les Collinsies sont des plantes annuelles de 20 à 30 centimètres. — COLLINSIE BICOLORE (*Collinsia bicolor*). Fleurs blanches à la partie supérieure, lilas à la partie inférieure; variétés à fleurs blanches, à fleurs blanches et roses, à fleurs multicolores; semis de mars en mai, en place, ou en mars-avril en pépinière pour repiquer en place au mois de mai, en espaçant les plants de 15 centimètres environ. — COLLINSIE PRINTANIÈRE (*Collinsia verna*). Fleurs blanches en haut et bleues en bas; on peut la semer à la même époque que la précédente, mais il est préférable de semer en place en septembre-octobre. — COLLINSIE A GRANDES FLEURS (*Collinsia grandiflora*). Fleurs bleues ou blanches; espèce rustique; même culture que la précédente.

Collomie. — Les Collomies sont annuelles; on peut les cultiver en bordures, en corbeilles et en plates-bandes. — COLLOMIE ÉCARLATE (*Collomia coccinea*). Hauteur, 20 à 30 centimètres; nombreuses fleurs en grappes d'une jolie couleur rouge; semis en mars-avril ou en septembre-octobre, en pépinière ou en place, à bonne exposition. — COLLOMIE A GRANDES FLEURS (*Collomia grandiflora*). Hauteur, 40 à 50 centimètres; fleurs grandes d'un rouge saumoné; même culture.

Colutea. — V. Baguenaudier.

Convallaria. — V. Muguet.

Convolvulus. — V. Ipomée et Belle-de-jour.

Coquelicot. — V. Pavot Coquelicot.

Coquelourde. — Les Coquelourdes peuvent entrer à la fois dans la composition des corbeilles, des massifs et des plates-bandes. — COQUELOURDE DES JARDINS (*Agrostemma coronaria*). Plante bisannuelle de 50 à 60 centimètres; fleurs pourpres, carmin foncé, blanches, blanches à cœur rose suivant les variétés, à partir de juin jusqu'en août; semis en mai-juin, en pépinière; repiquage en pépinière; plantation à demeure en automne ou au printemps

Coquelourde Rose-du-ciel.

en éloignant les pieds de 50 ou 60 centimètres. — COQUELOURDE FLEUR DE JUPITER (*Agrostemma Flos Jovis*). Plante vivace de 30 à 40 centimètres; fleurs roses de mai à juillet; semis d'avril en juillet, en pépinière; terre argilo-siliceuse, plutôt sèche qu'humide. — COQUELOURDE ROSE-DU-CIEL. (*Agrostemma Cœli-Rosa*). Plante annuelle, en touffes de 40 à 50 centimètres de hauteur; fleurs pourpres, roses ou blanches; variétés : naine, naine frangée à fleurs roses, naine frangée à fleurs lilas ; semis en avril-mai en place, ou en septembre en pépinière pour hiverner sous châssis.

Corbeille-d'argent. — V. Alysse Corbeille-d'argent.

Corbeille-d'or. — V. Alysse Corbeille-d'or.

Corchorus. — V. Kerria.

Coréopsis. — Les Coréopsis sont assez répandus dans nos jardins. — CORÉOPSIS ÉLÉGANT (*Coreopsis tinctoria*). Annuel ; tiges rameuses de 70 à 80 centimètres de hauteur ; fleurs pourprés, pourpres marbrées de jaune, jaunes ; variétés naines et hybrides ; semis en mars-avril en pépinière, en mai en place, ou en septembre en pépinière ; dans le second cas le repiquage se fait à demeure. — CORÉOPSIS DE DRUMMOND (*Coreopsis Drummondi*). Annuel ; hauteur, 40 à 50 centimètres ; fleurs à rayons jaune foncé avec une tache brune à la base et à disque jaunâtre ; semis en avril en pépinière, pour repiquer à demeure, ou en août-septembre en pépinière, pour repiquer en pépinière et planter à demeure en avril. — CORÉOPSIS COURONNÉ (*Coreopsis coronata*). Plante annuelle à tiges rameuses de 40 à 50 centimètres ; fleurs à rayons jaune d'or présentant une tache brune à la base, disque jaune ; même culture. — CORÉOPSIS PRÉCOCE (*Coreopsis præcox*). Vivace ; hauteur, 60 à 70 centimètres ; grandes fleurs jaune orange, de juillet à octobre ; semis en avril en pépinière, ou éclats au printemps.

Corète du Japon. — V. Kerria.

Cornaret, Cornes du diable. — V. Martynia.

Coronille. — Nous mentionnerons plusieurs espèces de cette plante : — CORONILLE DES JARDINS (*Coronilla Emerus*). Arbrisseau de 1ᵐ,30 environ de hauteur ; d'avril en juin, fleurs jaunes tachées de rouge ; multiplication par semis d'avril en juillet, en place ou en pépinière, ou encore par boutures ou marcottes ; terre légère et substantielle à bonne exposition. — CORONILLE GLAUQUE (*Coronilla glauca*). Arbrisseau de 1 mètre environ de hauteur ; fleurs jaunes odorantes, groupées en couronne ; multiplication par semis, et quelquefois par marcottes. — CORONILLE DES MONTAGNES (*Coronilla montana*). Plante vivace, élevée de 40 centimètres environ, se cultivant comme la Coronille des jardins.

Cortuse de Matthiole (*Cortusa Matthioli*). — Petite plante vivace produisant en mai-juin de jolies fleurs pourpres réunies en ombelles à l'extrémité de hampes de 20 à 30 centimètres ; division des touffes en automne, ou semis à la même époque, en pots, à demi-ombre.

Corydalle. — On en cultive plusieurs espèces assez différentes. — CORYDALLE JAUNE (*Corydallis lutea*). Vivace ; hauteur, 20 à 30 centimètres ; fleurs jaune d'or de mai à septembre ; semis en pépinière à partir d'avril jusqu'en juillet ; repiquage en pépinière ; mise en place en automne ou au printemps en espaçant les pieds de 40 à 50 centimètres ; on peut aussi diviser les touffes au début du printemps. — CORYDALLE NOBLE (*Corydallis nobilis*). Vivace ; hauteur, 30 centimètres ; grandes fleurs jaune d'or, d'avril en juin ; terre siliceuse à demi-ombre ; multiplication en février-mars par éclats. — CORYDALLE BULBEUSE (*Corydallis bulbosa*). Tige de 15 centimètres environ ; fleurs roses en grappes en mars-avril ; multiplication par les tubercules qu'on plante de juillet en septembre. — CORYDALLE TUBÉREUSE (*Corydallis tuberosa*). Hauteur, 15 centimètres ; en mars-avril, fleurs blanches en grappes ; même multiplication.

Corydalle bulbeuse.

Cosmos bipinné (*Cosmos bipinnatus*). — Annuel ; tige rameuse de 1^m,20 de hauteur ; fleurs à rayons rose violacé et à disque jaune, de juin en octobre ; multiplication par semis en avril sur couche ; repiquage à demeure en mai.

Cotonéaster commun (*Cotoneaster vulgaris*). — Arbrisseau tortueux ; en avril-mai, fleurs d'un blanc jaunâtre ; fruits rouges en automne ; multiplication par semis.

Couronne impériale. — V. Fritillaire impériale.

Crépide. — On en cultive deux espèces. — CRÉPIDE ROSE (*Crepis rubra*). Annuelle ; hauteur, 30 à 35 centimètres ; fleurs roses ou blanches, de mai à juillet ; semis en avril en pépinière pour repiquer en pépinière et mettre en place en mai, ou semis en septembre en place ou à la même époque en pépinière, pour repiquer en place au printemps suivant. — CRÉPIDE BARBUE (*Crepis barbata*). Annuelle ; hauteur, 30 à 40 centimètres ; fleurs jaunes à disque brun de juin à septembre, qui réclament le plein soleil pour s'épanouir ; même culture.

Crête-de-coq. — V. Amarante Crête-de-coq.

Crocus ou **Safran.** — Plante bulbeuse dont un certain nombre d'espèces sont assez répandues. — CROCUS DES FLEURISTES OU SAFRAN

PRINTANIER (*Crocus vernus*). Plante rustique donnant en février-mars des fleurs violettes, blanches, roses, grises ou bleues ; multiplication par la séparation des caïeux qu'on plante à 8 ou 10 centimètres de profondeur de septembre en décembre dans un sol léger, ou par graines qu'on sème aussitôt après la maturité et qui germent au printemps ; lorsque les feuilles sont mortes, on arrache les bulbes pour les conserver dans un lieu sec jusqu'à l'époque de la plantation. — CROCUS ÉLÉGANT (*Crocus speciosus*). En septembre-octobre, fleurs violettes ; multiplication par les bulbes qu'on plante en août dans un sol frais et sain. — CROCUS NUDIFLORE (*Crocus nudiflorus*). Bulbe petit émettant en septembre-octobre une fleur unique d'un violet foncé ; même culture que l'espèce

Crocus d'automne.

précédente. — CROCUS D'AUTOMNE (*Crocus sativus*). En septembre-octobre, grandes fleurs en cloche de couleur pourpre, fortement odorantes ; même multiplication. — CROCUS JAUNE (*Crocus luteus*). Grandes fleurs jaunes au printemps ; plantation des caïeux de septembre en décembre. — CROCUS DE SUZE (*Crocus susianus*). Petites fleurs jaune d'or, marquées de pourpre, en février et mars ; même culture.

Croix de Jérusalem. — V. Lychnide Croix de Jérusalem.

Croix de Saint-Jacques. — V. Amaryllis Lis Saint-Jacques.

Crucianelle ou **Croisette à long style** (*Crucianella stylosa*). — Plante vivace très touffue donnant pendant tout l'été des fleurs rose tendre ou pourpres ; reproduction par semis en pépinière d'avril en juillet, à une exposition demi-ombragée ; repiquage en pépinière ; plantation à demeure au printemps suivant ; on peut aussi diviser les touffes en automne ou au printemps.

Cupidone bleue (*Catananche cærulea*). — Plante vivace de 60 centimètres ; de juin en août fleurs à rayons bleus et à disque pourpre foncé ; variété à fleurs blanches ; semis en juin-juillet, en pépinière ; repiquage en pépinière ; mise en place en automne ou au printemps ; on peut encore semer en mars-avril sur couche, repiquer sur couche et planter à demeure en mai ; terre légère à exposition chaude ; arrosages modérés

Cyclamen. — Plante à racine tuberculeuse dont plusieurs espèces méritent d'être mentionnées. — CYCLAMEN D'EUROPE (*Cyclamen europæum*). Petite plante vivace émettant de juillet à octobre des fleurs d'un rose violet; multiplication par semis en avril-mai ou aussitôt après la maturité des graines, dans des pots remplis de terre de bruyère et placés à l'ombre; on hivernera sous châssis; au printemps suivant, on repiquera en pépinière ou en pots; la mise en place s'effectue la seconde ou la troisième année, et la floraison ne commence que la quatrième. — CYCLAMEN DE NAPLES (*Cyclamen neapolitanum*). Vivace; en septembre-octobre, grandes fleurs roses ou rouges exhalant une odeur suave; exposition ombragée; même culture que l'espèce précédente. — CYCLAMEN D'AFRIQUE OU A GRANDES FEUILLES (*Cyclamen africanum*). Vivace en automne fleurs odorantes blanches ou roses; même culture. — CYCLAMEN A FEUILLES SINUEUSES (*Cyclamen repandum*). Vivace; d'avril en mai, nombreuses fleurs roses ou blanches; même mode de reproduction que les espèces précédentes; terre légère terreautée; couche de litière ou de feuilles sèches en hiver.

Cyclamen de Naples.

Cynoglosse ou **Omphalodes.** — On en cultive deux espèces : — CYNOGLOSSE A FEUILLES DE LIN (*Cynoglossum linifolium*). Plante annuelle haute de 30 centimètres, employée surtout pour les corbeilles et les bordures; fleurs blanches à partir de juin jusqu'en août; semis en pépinière en septembre; repiquage en octobre; mise en place en avril; on peut encore semer à demeure en mars-avril. — CYNOGLOSSE PRINTANIÈRE (*Omphalodes verna*). Petite plante vivace de 10 à 15 centimètres de hauteur; de mars en mai, petites fleurs bleues, blanches à la gorge; division des touffes en automne ou au printemps; terre argileuse et fraîche, à une exposition ombragée; espèce très cultivée en bordures, où elle est d'un bel effet.

Cytise (*Cytisus*). — Il existe un assez grand nombre d'espèces de Cytise qui toutes se prêtent à l'ornementation des grands jardins; on les multiplie suivant les cas par semis ou par la greffe sur le Cytise faux Ébénier; elles préfèrent les sols calcaires; on les taille généralement après la floraison.

D

Dahlia. — Le Dahlia est une plante tuberculeuse des plus précieuses pour l'ornementation des jardins. — DAHLIA CHANGEANT (*Dahlia varia-*

Dahlia changeant.

bilis). Plante vivace ; hauteur, 70 centimètres à 2 mètres ; variétés doubles à grandes fleurs, de couleurs très variables ; il en existe à fleurs blanches, jaunes, roses, rouges, violettes ; variétés naines (Dahlias doubles de Lilliput) ; floraison à partir d'août jusqu'en octobre ; différents modes de reproduction : 1° séparation des tubercules en fin mai en ayant soin de ne planter que des fragments possédant un bourgeon ; arroser et donner un tuteur à chaque pied ; on peut pailler autour de chaque sujet ; 2° multiplication par boutures ; on plante les tubercules en mars-avril sur une couche entièrement formée de fumier non consommé; lorsque les bourgeons ont atteint 4 ou 5 centimètres de longueur, on les coupe à 2 ou 3 millimètres du tubercule, puis on les plante séparément dans de petits pots qu'on enfonce jusqu'au bord dans une couche située à l'ombre ; on recouvre ensuite de cloches ou de châssis ; après la reprise, on donne progressivement de l'air, puis on pince l'extrémité des tiges lorsqu'elles sont suffisamment développées ; 3° greffe qui se pratique en introduisant un rameau herbacé de la variété qu'on veut obtenir sur le côté d'un tubercule pris comme sujet ; c'est une modification de la greffe en fente; 4° semis ; procédé peu recommandable mais qui permet d'obtenir des variétés nouvelles ; on l'exécute de mars à mai directement sur couche, ou en pots placés sur couche ; on repique de même sur couche quand les pieds ont quatre ou six feuilles ; on met en pleine terre en mai. — DAHLIA COCCINÉ (*Dahlia coccinea*). Plante vivace, de la même taille que le Dahlia changeant; fleurs rouges ou jaune safrané à disque jaunâtre; nombreuses variétés à fleurs simples ; variétés naines ; même culture. — DAHLIA A FLEUR DE CACTUS (*Dahlia Juarezi*). Grande et belle plante à fleurs doubles de couleur variable suivant les variétés ; même culture.

Dame d'onze heures. — V. Ornithogale en ombelle.

Daphné. — Arbrisseau comptant plusieurs espèces à fleurs petites, odorantes, réunies à l'aisselle des feuilles ; semis dans un terrain léger, situé à l'ombre, aussitôt après la maturité des graines, ou reproduction par marcottes. L'espèce la plus cultivée est le DAPHNÉ MÉZÉRÉON (*Daphne Mezereum*), à fleurs violettes ou blanches.

Datura d'Egypte.

Datura. — Belle plante très ornementale. — DATURA D'ÉGYPTE (*Datura fastuosa*). Annuel ; hauteur, 60 à 80 centimètres ; fleurs blanches ou violettes en entonnoir, très odorantes ; semis en mars-avril, sur couche ; repiquage en pots, sur couche ; mise en place en fin mai à bonne exposition ; en été, copieux arrosages. — DATURA EN ARBRE (*Datura arborea*). Hauteur, 2ᵐ,50 ; de juillet en octobre, grandes fleurs en entonnoir pendantes, blanches, odorantes ; boutures sous châssis.

Delphinium. — V. Pied d'alouette.

Dianthus. — V. Œillet.

Dictame. — V. Fraxinelle.

Deutzie. — Bel arbrisseau rustique dont on cultive deux espèces. — DEUTZIE A RAMEAUX GRÊLES (*Deutzia gracilis*). En mai-juin, fleurs blanches en grappes pendantes ; multiplication par boutures et éclats. — DEUTZIE CRÉNELÉE (*Deutzia crenata*). Buisson de 2 mètres de hauteur ; en mai-juin, fleurs blanches en grappes ; même culture.

Diélytre. — Très jolie plante vivace qui convient admirablement à l'ornementation des corbeilles et des plates-bandes. — DIÉLYTRE A BELLES FLEURS (*Dielytra formosa*). Hauteur, 20 à 30 centimètres ; d'avril en juin, fleurs en grappes pendantes, de couleur rose ; division des touffes au printemps ; sol sableux et léger tel que la terre de bruyère ; demi-ombre ; en été, fréquents arrosages. — DIÉLYTRE DISTINGUÉ (*Dielytra eximia*). Hauteur, 40 à 50 centimètres ; fleurs roses ; espèce différant peu de la précédente et se cultivant de la même façon. — DIÉLYTRE REMARQUABLE (*Dielytra spectabilis*). Hauteur, 50 à 60 centimètres ; en mai-juin, fleurs d'un rose vif ; division des pieds ou boutures de rameaux au printemps ; on peut semer les graines aussitôt après maturité ou en avril-mai en pots qu'on place sous châssis ; repiquage en pots ; mise en place au printemps suivant ; terre fraîche et légère.

Dierville. — Deux espèces sont surtout cultivées : — DIERVILLE DU CANADA (*Diervilla canadensis*). Arbrisseau produisant à partir de juin jusqu'aux gelées de petites fleurs faiblement odorantes ; terrain frais ; semis, marcottes ou boutures. — DIERVILLE A FLEURS ROSES OU WEIGELIA (*Diervilla rosea*). Arbrisseau superbe, très floribond et très rustique ; plusieurs variétés ; multiplication par boutures et par marcottes.

Digitale pourprée (*Digitalis purpurea*). — Bisannuelle ; tige de 1 mètre à 1ᵐ,30 de hauteur ; nombreuses fleurs purpurines pendantes ; variétés à fleurs roses, à fleurs blanches, à fleurs de Gloxinia ; semis en avril-mai en pépinière ; repiquage en pépinière ; mise en place en automne ou au printemps ; sol léger et sec.

Dioscorée. — V. Igname.

Dodécathéon. — V. Gyroselle.

Dolique d'Égypte (*Dolichos Lablab*). — Plante annuelle à tige volubile de 3 mètres de hauteur; nombreuses fleurs violettes de la forme de celles du haricot; les fruits sont des gousses violettes; variétés à fleurs blanches; semis en pots sur couche en avril; mise en place en fin mai; exposition du midi.

Doronic. — On en cultive deux espèces : — DORONIC DU CAUCASE (*Doronicum caucasicum*). Plante vivace de 30 centimètres de hauteur, convenant bien pour les plates-bandes et les bordures; de mars à mai, fleurs jaunes; multiplication par séparation des touffes qu'on plante en pépinière après la floraison, pour mettre en place en automne ou au printemps; on peut encore semer en pépinière à demi-ombre d'avril en juin. — DORONIC HERBE AUX PANTHÈRES (*Doronicum Pardalianches*). Plante vivace de 50 à 60 centimètres; de mai à juillet, grandes fleurs jaune pâle; *sol frais à l'ombre*; *même culture.*

Dracocéphale. — Plusieurs espèces sont assez cultivées. — DRACOCÉPHALE DES MONTS ALTAÏ (*Dracocephalum altaicense*). Vivace; hauteur, 30 centimètres environ; de juillet en septembre, jolies fleurs bleues en épis, d'un bel effet dans les plates-bandes et les corbeilles; semis en pépinière dans le courant d'avril; mise en place à la fin de mai. — DRACOCÉPHALE DE MOLDAVIE (*Dracocephalum moldavica*). Plante annuelle *odorante de 60 centimètres de hauteur*; fleurs violacées en grappes; variété à fleurs blanches; semis en place en avril, dans un terrain léger à bonne exposition. — DRACOCÉPHALE DE VIRGINIE ou PHYSOSTÉGIE DE VIRGINIE (*Physostegia virginiana*). Plante vivace de 1ᵐ,50 de hauteur; jolies fleurs roses en juillet-août; variété à fleurs blanches; variété naine de 30 centimètres de hauteur; semis en juin en pépinière; repiquage en pépinière; plantation à demeure en automne ou au printemps; on peut aussi multiplier cette plante par éclats; *terre légère et fraîche.*

Duchesnea. — V. Fraisier des Indes.

E

Eccrémocarpe grimpant (*Eccremocarpus scaber*). — Plante vivace à tiges grimpantes, pouvant atteindre jusqu'à 5 mètres d'élévation; de juin en octobre, belles fleurs d'un rouge orange; semis en pots et sur couche dans le courant de mars; repiquage en pots et sur couche; plantation à demeure en mai; couverture de litière en hiver.

Echévérie. — Nous mentionnerons deux espèces remarquables : — ÉCHÉVÉRIE GLAUQUE (*Echeveria secunda glauca*). Vivace; feuilles épaisses disposées en rosette; à partir de mai, fleurs jaunes; multiplication par semis immédiatement après la maturité des graines; hiverner sous châssis; mise en place au printemps de l'année suivante. — ÉCHÉVÉRIE A GRANDES FLEURS (*Echeveria retusa grandiflora*). Vivace; grandes fleurs pourpres à partir de février; reproduction par semis.

Echinope Boule azurée (*Echinops Ritro*). — Plante vivace de 70 centimètres de hauteur; de juillet en août, fleurs bleues en boule; division des touffes au printemps, ou semis en mai-juin en pépinière pour repiquer en pépinière et mettre en place en automne ou au printemps.

Emilie. — V. Cacalie.

Enothère. — Ce genre comprend quelques espèces assez intéressantes au point de vue de l'ornementation. — ÉNOTHÈRE A FEUILLES DE PISSENLIT (*Œnothera taraxacifolia*). Bisannuelle; hauteur, 20 à 30 centimètres; fleurs roses; semis sur couche en mars-avril; mise en place en mai; bordures et corbeilles. — ÉNOTHÈRE ÉLÉGANTE (*Œnothera speciosa*). Vivace; hauteur, 50 à 60 centimètres; de juin en octobre, fleurs odorantes, d'abord blanches, puis roses en vieillissant; multiplication par éclats en automne ou au printemps. — ÉNOTHÈRE GLAUQUE (*Œnothera glauca*). Vivace; hauteur, 40 à 50 centimètres; en juillet-août, fleurs

Enothère élégante.

jaune vif; semis en pépinière d'avril en juin; repiquage en pépinière; plantation à demeure en automne et au printemps; on peut aussi multiplier cette espèce par éclats en automne ou au printemps. — ÉNOTHÈRE ROSE (*Œnothera rosea*). Vivace; hauteur, 35 centimètres; nombreuses fleurs roses de juin en octobre; plante qui se plaît dans les sols rocailleux et humides situés à l'ombre; multiplication par semis en pépinière d'avril en juillet, ou par séparation des pieds. — ÉNOTHÈRE A

GRANDES FLEURS (*Œnothera grandiflora*). Plante bisannuelle s'élevant à 1 mètre; grandes fleurs jaunes odorantes; semis en place en avril ou en septembre.

Epervière orangée (*Hieracium aurantiacum*). — Petite plante vivace de 20 à 30 centimètres de hauteur; de juillet à septembre, fleurs jaune orangé ou rouges; semis en avril-mai en pépinière pour repiquer en pépinière et mettre à demeure au printemps, ou multiplication par éclats au commencement de l'automne ou du printemps.

Ephémère de Virginie (*Tradescantia virginica*). — Plante vivace d'environ 60 centimètres de hauteur; de mai en août, jolies fleurs bleues groupées à l'extrémité des rameaux; variétés à fleurs roses, à fleurs blanches, à fleurs lilas, à fleurs azurées, à fleurs violéttes doubles ou pleines; division des touffes en automne ou au printemps.

Epilobe. — Les Epilobes sont vivaces; on cultive deux espèces principales:— EPILOBE EN ÉPI (*Epilobium spicatum*). Hauteur, 1ᵐ,30; de juillet à septembre, fleurs pourprées; variété à fleurs blanches; semis de mai à juillet, à l'ombre, en pépinière, pour repiquer en pépinière et planter à demeure au printemps suivant; on peut encore diviser les touffes au printemps. — ÉPILOBE A FEUILLES DE ROMARIN (*Epilobium rosmarinifolium*). Hauteur, 60 centimètres à 1 mètre; en juin-juillet, fleurs d'un rose pourpré; même culture.

Épimède à deux feuilles.

Epimède. — Les Épimèdes sont vivaces et se plaisent dans un sol léger et tourbeux, à demi-ombre. — ÉPIMÈDE DES ALPES (*Epimedium alpinum*). Hauteur, 15 à 20 centimètres; en avril-mai, petites fleurs jaunes en grappes; éclats au printemps. — ÉPIMÈDE A DEUX FEUILLES (*Epimedium diphyllum*). En mars-avril, nombreuses fleurs blanches; même culture. — ÉPIMÈDE A GRANDES FLEURS (*Epimedium macranthum*). Nombreuses fleurs blanches en grappes; même culture.

Erica. — V. Bruyère.

Erigéron. — Les Érigérons sont des plantes vivaces, des plus ornementales, pouvant croître dans tous les sols. — ÉRIGÉRON GLABRE (*Erigeron glabellum*). Tiges de 20 à 30 centimètres; en juin-juillet, jolies
fleurs à rayons violet pâle et à disque jaune; semis en pépinière d'avril
en juillet pour repiquer en pépinière et mettre en place en automne ou
au printemps, ou multiplication par éclats en automne ou au printemps. — ERIGÉRON GRACIEUX (*Erigeron spe-
ciosus*). Hauteur, 50 à 60 centimètres; en
juin-juillet, fleurs à rayons bleu clair età
disque jaune; même multiplication. — ERI-
GÉRON ORANGÉ (*Erigeron aurantiacus*). Hauteur, 15 à 20 centimètres; de mai à juillet,
fleurs exhalant une faible odeur, à rayons
orangé vif et à disque jaune d'or; même multiplication.

Erigéron glabre.

Érine des Alpes (*Erinus alpinus*). — Petite
plante vivace de 10 à 15 centimètres de
hauteur; en mai-juin, jolies fleurs d'un
rouge violacé; variété à feuilles hérissées; semis en avril-mai en terre
de bruyère; repiquage en pots qu'on place sous châssis pendant l'hiver; mise en place au printemps; on peut encore multiplier par
division des touffes en automne ou au printemps; cette plante doit être
plantée à mi-ombre.

Erodium de Manescau (*Erodium Manescavi*). — Vivace; hauteur, 30
à 40 centimètres; en juin-juillet, fleurs d'un rouge violacé; multiplication par éclats faits au printemps ou par semis en avril-mai en pots,
pour hiverner sous châssis et repiquer au printemps en pépinière; on
peut encore semer après la maturité des graines; tout terrain.

Erysimum de Petrowski (*Erysimum petrowskianum*). — Plante annuelle de 40 à 50 centimètres de hauteur; fleurs jaune orangé en grappes;
semis en place en avril-mai.

Erythrine. — On en cultive dans nos jardins deux jolies espèces:— ERY-
THRINE CRÊTE-DE-COQ (*Erythrina crista galli*). Arbrisseau de 2 mètres de hauteur; en juillet-août, grandes fleurs rouges formant de belles
grappes; multiplication par semis ou par boutures de jeunes pousses sous
châssis en juin; mise en place en mai dans un sol riche et frais. —
ERYTHRINE A FEUILLES DE LAURIER (*Erythrina laurifolia*). Arbrisseau ne
différant guère du précédent que par la forme des feuilles; floraison en

août; même culture; cette espèce a produit de belles variétés : Erythrina ruberrima, Erythrina floribunda, Erythrina madame Bellanger, Erythrina Marie Bellanger, Erythrina ornata. On relève ces plantes de pleine terre à l'automne pour leur faire passer l'hiver en serre froide.

Eschscholtzie. — Les Eschscholtzies sont remarquables par la beauté de leurs fleurs; elles se plaisent dans un sol léger, sablonneux. — ESCHSCHOLTZIE DE CALIFORNIE (*Eschscholtzia californica*). Plante touffue, bisannelle ou vivace, de 40 à 50 centimètres de hauteur; de juin en octobre, fleurs jaunes, blanches ou roses; variétés à fleurs doubles; semis en place en mars-avril; bordures, corbeilles, plates-bandes. — ESCHSCHOLTZIE A FEUILLES MENUES (*Eschscholtzia tenuifolia*). Plante annuelle de 15 centimètres de hauteur; en juin-juillet, nombreuses fleurs jaune pâle; semis en place en avril-mai; bordures.

Ethionème ou **Æthionème.** — Les Ethionèmes sont des plantes vivaces préférant un sol léger et sablonneux situé à bonne exposition. — ÉTHIONÈME DU MONT LIBAN (*Æthionema coridifolium*). — Jolie plante de 20 centimètres de hauteur, donnant en juin-juillet de petites fleurs roses disposées en grappes; semis en pépinière, à demi-ombre, en juillet-août; repiquage en pépinière, au soleil; mise en place en automne ou au printemps. — ÉTHIONÈME A GRANDES FLEURS (*Æthionema grandiflorum*). Hauteur, 30 centimètres; d'avril en juillet, fleurs rose vif, relativement grandes, disposées en grappes; même culture.

Eupatoire à feuilles molles.

Eucharidion. — Les Eucharidions sont des plantes annuelles craignant l'humidité et qui se plaisent dans un sol léger et riche. — EUCHARIDION A GRANDES FLEURS (*Eucharidium grandiflorum*). Hauteur, 20 à 25 centimètres; en juin-juillet, belles fleurs pourprées; variété à fleurs blanches; semis en place en avril-mai. — EUCHARIDION DE BREWER (*Eucharidium Breweri*). Plante touffue qui se couvre en juin-juillet de fleurs roses, blanches au centre; même culture.

Eupatoire. — Les Eupatoires viennent admirablement dans les sols meubles et substantiels. — EUPATOIRE POURPRE (*Eupatorium purpureum*). Vivace; hauteur, 1 mètre;

en août-septembre, nombreuses fleurs purpurines; semis sur couche en avril, pour repiquer en pépinière et mettre en place en mai-juin; division de pieds en automne ou au printemps. — EUPATOIRE AROMATIQUE (*Eupatorium aromaticum*). Plante vivace, touffue, haute de 80 centimètres à 1 mètre; nombreuses fleurs blanches en septembre; même culture. — EUPATOIRE A FEUILLES D'AGÉRATE (*Eupatorium ageratoides*). Vivace; hauteur, 1 mètre; en septembre-octobre, nombreuses fleurs blanches; même culture. — EUPATOIRE A FEUILLES MOLLES (*Eupatorium glechonophyllum*). Plante annuelle de 40 à 50 centimètres; fleurs blanches en août-septembre; semis en mars-avril sur couche; repiquage sur couche; mise en place en mai.

Eupatoire bleue. — V. Agérate.

Eutoque visqueuse (*Eutoca viscida*). — Plante annuelle à tiges rameuses de 30 à 40 centimètres de hauteur; en juillet-août, fleurs bleues à centre blanc; semis en place en avril-mai.

Evonymus. — V. Fusain.

F

Fenzlie à fleur d'Œillet (*Fenzlia dianthiflora*). — Plante annuelle, touffue, de 12 à 15 centimètres; en mai-juin, nombreuses fleurs rose pâle; semis en août-septembre en pépinière, à demi-ombre; repiquage en pots pour hiverner sous châssis; plantation à demeure en avril.

Ficoïde. — Genre comprenant plusieurs espèces ornementales. — FICOÏDE TRICOLORE (*Mesembrianthemum tricolor*). Plante annuelle à tige rameuse; fleurs blanches ou roses; semis en mars sur couche pour repiquer sur couche et planter à demeure en mai, ou semis en août-septembre en pépinière pour repiquer en pots et hiverner sous châssis. — FICOÏDE

Ficoïde tricolore.

DE L'APRÈS-MIDI (*Mesembrianthemum pomeridianum*). Annuelle; hauteur, 10 à 15 centimètres; grandes fleurs jaune d'or; même culture.

— FICOÏDE CRISTALLINE ou GLACIALE (*Mesembrianthemum crystallinum*).
Annuelle ; hauteur, 20 à 25 centimètres ; petites fleurs blanches ; semis
en mars-avril sur couche, ou plus tard en place ; on cultive souvent
cette plante pour orner les appartements. — FICOÏDE SABRE (*Mesembrianthemum acinaciforme*). Plante vivace atteignant 2m,50 de hauteur ;
en septembre, grandes fleurs pourpres à centre jaune ; on peut, pendant presque toute l'année, multiplier cette espèce par boutures qu'on
hivernera sous châssis pour les planter à demeure au printemps ; on la
reproduit également par semis fait en mars sur couche. — FICOÏDE CO-
MESTIBLE (*Mesembrianthemum edule*). Espèce se rapprochant beaucoup
de la précédente et qui se cultive de la même façon ; fleurs jaunâtres,
roses en vieillissant. — FICOÏDE A FEUILLES EN CŒUR (*Mesembrianthemum
cordifolium*). Espèce vivace de 15 centimètres environ de hauteur ; fleurs
roses ; variété à feuilles panachées ; même culture.

Flambe, Flamme. — V. Iris.

Flox. — V. Phlox.

Fleur de la Passion. — V. Passiflore.

Fleur de veuve. — V. Scabieuse.

Forsythia. — On en cultive principalement deux espèces : — FORSYTHIA
A FEUILLAGE SOMBRE (*Forsythia viridissima*). Buisson de 3 à 4 mètres de
hauteur ; feuilles d'un vert sombre ; nombreuses fleurs jaunes au printemps ; multiplication par boutures. — FORSYTHIA FLEXIBLE (*Forsythia
suspensa*). En mai-juin, fleurs jaune vif rayées.

Fraisier des Indes (*Fragaria indica*). — Plante vivace produisant en
été de petites fleurs jaunes, auxquelles succèdent des fruits ressemblant
à la fraise, mais sans saveur ; on la multiplie par les filets, coulants
ou stolons enracinés, qu'elle émet naturellement ; on emploie fréquemment cette plante pour orner les appartements où elle est d'un bel effet
en suspension.

Fraxinelle commune (*Dictamnus fraxinella*). — Plante vivace de 50
à 60 centimètres, exhalant une odeur forte ; en juin-juillet, fleurs blanches ou roses ; multiplication par semis aussitôt après la maturité des
graines, ou par éclats au printemps ; terre légère.

Fritillaire. — Les Fritillaires sont de belles plantes bulbeuses très
ornementales. — FRITILLAIRE IMPÉRIALE (*Fritillaria imperialis*). Plante
vivace d'une odeur fétide, s'élevant à 1 mètre de hauteur ; en avril,
fleurs pendantes d'un beau rouge safrané ; variétés : aurore, à fleurs
rouges doubles, à double couronne, à feuilles panachées, à grosses

clochés, à tige plate, etc.; multiplication par les caïeux qu'on sépare tous les trois ou quatre ans de juillet en septembre, ou par semis aussitôt après la maturité des graines; terre non fumée, au soleil. — Fritillaire de Perse (*Fritillaria persica*). Vivace; hauteur, 50 à 80 centimètres; en avril, fleurs violet bleuâtre en grappes, à l'extrémité des tiges; même culture que l'espèce précédente. — Fritillaire Méléagre ou Damier (*Fritillaria Meleagris*). Vivace; hauteur, 25 à 40 centimètres; en mars-avril, fleurs blanches, brunes, rougeâtres, rouges ou violettes, tachées de petits carreaux réguliers; multiplication par séparation de caïeux de juillet en septembre, ou par semis en automne.

Fuchsia. — Les Fuchsias sont des arbustes précieux pour l'ornementation des jardins et des appartements; mais comme les espèces et les variétés sont en trop grand nombre pour que nous puissions en

Fritillaire impériale.

donner la liste, et que, d'autre part, elles peuvent être à peu près cultivées de la même façon, nous nous bornerons à indiquer les procédés généraux de culture. Les Fuchsias sont souvent multipliés par boutures étouffées, c'est-à-dire faites sous châssis sans donner d'air jusqu'à ce que la reprise se soit effectuée; ces boutures sont pratiquées en juin-juillet, puis mises en pots et rempotées successivement plusieurs fois; on les hiverne sous châssis jusqu'à l'époque de leur mise en place qui a lieu au printemps. On peut aussi multiplier les Fuchsias par semis qu'on fait soit immédiatement après la maturité des graines, en pots et sous châssis, soit au printemps, en pots placés sur couche et abrités par des châssis.

Dans le sud et dans l'ouest de la France, il n'est pas nécessaire d'hiverner les Fuchsias sous des coffres, car ils résistent très bien aux

froids dans ces régions. Lorsqu'on les cultive en pots, comme cela arrive fréquemment sous le climat de Paris, le sol qui leur convient le

Fuchsia en pot.

mieux est un mélange de terre franche, de sable et de terreau de feuilles, en parties égales; on peut y ajouter en très petite quantité des engrais organiques tels que guano ou poulinée; il ne faut pas oublier que des rempotages successifs sont indispensables pour obtenir de belles plantes et qu'il est bon, de plus, de placer les Fuchsias à une exposition demi-ombragée pendant les chaleurs. Afin de donner la fraîcheur nécessaire à leur croissance, on arrose le sol et les feuilles une ou deux fois par jour.

Après la floraison, les Fuchsias placés en pots doivent être taillés; certains horticulteurs se bornent à pincer les rameaux; d'autres donnent à la plante une forme déterminée, afin de régulariser la production des fleurs.

Fumeterre. — V. Corydalle.

Fusain du Japon (*Evonymus japonicus*). — Arbrisseau touffu de 3 mètres de hauteur; feuilles épaisses, persistantes; multiplication par semis et boutures sous verre; terre franche et substantielle.

G

Gaillarde. — Très jolie plante cultivée pour la beauté de ses fleurs. — GAILLARDE PEINTE (*Gaillardia picta*). Annuelle et bisannuelle; hauteur, 40 à 50 centimètres; de juillet à septembre, belles fleurs à rayons jaunes au sommet et pourpres à la base; citons, parmi les plus belles variétés: les Gaillardes rouge saumoné; marginées de blanc; à grandes fleurs; naines; aurore boréale; Lorenzia ou à fleurs doubles; semis sur couche en mars-avril; repiquage sur couche; mise en place en mai; on peut aussi bouturer sur couche et sous châssis au printemps ou en été. — GAILLARDE VIVACE (*Gaillardia lanceolata*). Plante touffue, de 40 à 50 centimètres de hauteur; grandes fleurs à rayons jaunes et à disque pourpre; variété à grandes fleurs jaunes; multiplication par semis en pépinière en avril ou mai, par éclats pratiqués au printemps, par boutures en été faites sous cloche à une exposition ombragée; terre sèche et légère; couche de litière pendant les froids.

Galane barbue (*Chelone barbata*). — Vivace; hauteur, 1 mètre; de juin en septembre, fleurs pourpres en grappes; variété à fleurs blanches; semis de juin en août en pépinière pour repiquer en pots, hiverner sous

châssis et mettre en place au printemps; on peut encore multiplier par
éclats au printemps; terrain frais.

Galantine Perce-neige (*Galanthus nivalis*). — Plante bulbeuse dont
la hampe atteint généralement 15 centimètres de hauteur; fleurs blanches marquées d'une tache verte sur chacune des six divisions; variété
à fleurs pleines; les bulbes sont arrachés en juillet-août, pour être re-
plantés en octobre après séparation des caïeux, opération qui se fait
tous les trois ou quatre ans; terre fraîche et siliceuse de préférence;
on peut cultiver cette plante en pots.

Galéga. — Plante vivace s'accommodant bien d'une terre fraîche et
argileuse, meuble. — GALÉGA OFFICINAL (*Galega officinalis*). Plante à
tige rameuse pouvant atteindre 1^m,50 de hauteur; en juin-juillet, fleurs
bleu pâle disposées en grappes; variétés à fleurs blanches, à fleurs
blanches et bleues, à fleurs roses; semis en pépinière d'avril en juin;
repiquage en pépinière; mise en place en automne ou au printemps;
on peut aussi diviser les touffes au printemps. — GALÉGA D'ORIENT
(*Galega orientalis*). Hauteur, 1 mètre; de mai en août, jolies fleurs d'un
bleu violacé; même culture.

Gaulthérie couchée (*Gaultheria procumbens*). — Petit arbrisseau de
20 centimètres environ de hauteur; feuilles persistantes touffues; fleurs
roses en grelot; fruits rouges propres à la consommation; séparation
des rejetons qu'on plante au printemps en terre de bruyère à l'ombre.

Gaura de Lindheimer (*Gaura Lindheimeri*). — Jolie plante vivace à
tiges rameuses de 1^m,20; en été, fleurs d'un blanc rosé paraissant la
première année; semis en mars-avril sur couche, pour repiquer sur
couche et mettre en place en mai, ou semis en avril en pépinière.

Gazon d'Espagne, Gazon d'Olympe. — V. Statice armeria.

Gazon mousse, Gazon turc. — V. Saxifrage mousseuse.

Gentiane. — Plante se plaisant surtout en terre de bruyère à une
exposition ombragée. — GENTIANE A FLEURS JAUNES (*Gentiana lutea*). Vivace; hauteur, 1^m,50 environ; grandes fleurs jaunes, en juin-juillet;
semis en pots en terre de bruyère, d'avril en juin; repiquage en pots;
mise en place au printemps suivant; cette plante ne fleurit que quatre
ou cinq ans après le semis. — GENTIANE A FLEURS POURPRES (*Gentiana-
purpurea*). Vivace; hauteur, 65 centimètres; en juillet-août, grandes fleurs
jaunes ponctuées de pourpre; même culture. — GENTIANE ACAULE (*Gentiana acaulis*). Plante vivace de 10 centimètres de hauteur; au printemps

et en automne, grandes fleurs d'un beau bleu; multiplication par semis d'avril en juin, ou par drageons. — GENTIANE CROISETTE (*Gentiana cruciata*). Plante vivace de 20 à 30 centimètres de hauteur; en juin-juillet, fleurs bleues; même culture que l'espèce précédente.

Géranium. — Le Géranium est une plante d'ornement très répandue; il en existe un nombre considérable d'espèces; nous nous bornerons à mentionner quelques-unes des plus intéressantes : — GÉRANIUM SANGUIN (*Geranium sanguineum*). Vivace; hauteur, 30 à 40 centimètres; en mai-juin, jolies fleurs d'un rose pourpré; multiplication par semis en avril-mai en pépinière, pour repiquer en pépinière et mettre en place en automne ou au printemps; terrain sec et sablonneux. — GÉRANIUM A GROSSES RACINES (*Geranium macrorhizum*). Plante vivace de 30 à 40 centimètres de hauteur; fleurs d'une belle teinte rose pourpré, de mai en juillet; même reproduction. — GÉRANIUM DES PRÉS (*Geranium pratense*). Vivace; hauteur, 50 à 60 centimètres; en mai-juin, fleurs d'un bleu violacé; variétés à fleurs blanches et à fleurs doubles; même multiplication; tout terrain.

Géranium sanguin.

— GÉRANIUM D'ENDRESS (*Geranium Endressi*). Vivace; hauteur, 30 à 40 centimètres; de mai en juillet, fleurs rose clair; même culture. — GÉRANIUM D'IBÉRIE (*Geranium ibericum*). Plante vivace de 50 centimètres de hauteur; de mai à juillet, nombreuses fleurs violacées; même reproduction; terre légère à une exposition demi-ombragée. — GÉRANIUM A LARGES PÉTALES (*Geranium platypetalum*). Belle plante donnant en mai-juin des fleurs nombreuses d'un bleu violet strié de rouge pourpré; même culture. — GÉRANIUM TUBÉREUX (*Geranium tuberosum*). Plante vivace de 30 à 40 centimètres; en mai, fleurs roses striées de rouge; même multiplication que les espèces précédentes ou division des tubercules de juillet en octobre.

Géranium. — V. Pelargonium, auquel on donne parfois ce nom.

Gerbe d'or. — V. Verge-d'or.

Gesse. — On cultive dans nos jardins plusieurs espèces de Gesse.

— Gesse odorante ou Pois de senteur (*Lathyrus odoratus*). Plante grimpante, annuelle, atteignant $1^m,50$ de hauteur; fleurs blanches, roses, rouges, brun violet, violettes, panachées de rose ou de violet suivant la variété, et exhalant une odeur agréable qui rappelle celle de la fleur d'oranger; semis en place de mars en juin dans tous les terrains et à toutes les expositions. — Gesse a larges feuilles ou Pois vivace (*Lathyrus latifolius*). Plante vivace, grimpante, pouvant atteindre 2 mètres de hauteur; de juin en septembre, grandes fleurs inodores d'un rose pourpre; variétés à fleurs blanches, à fleurs rose carné, à fleurs rouge pourpre; multiplication par éclats au printemps; semis en pépinière d'avril en juin; repiquage en pépinière; mise en place à l'automne ou au printemps. Il existe d'autres espèces de Gesse qui, selon qu'elles sont annuelles ou vivaces, se cultivent comme la Gesse odorante ou comme la Gesse à larges feuilles.

Gilia. — Les Gilias sont annuels; ils se plaisent dans un sol léger. — Gilia tricolore (*Gilia tricolor*). Plante rameuse de 40 centimètres; fleurs à centre pourpre entouré d'une couronne blanche, bleues sur les bords; variétés à fleurs blanches, roses ou bleues; semis en place de mars à mai ou en septembre. — Gilia a fleurs en têtes (*Gilia capitata*). Tiges rameuses de 70 centimètres de hauteur; petites fleurs bleues ou blanches en groupes; même culture. — Gilia a fleurs de Lin (*Gilia liniflora*). Plante touffue de 30 centimètres de hauteur; jolies fleurs blanches; même culture.

Giroflée jaune simple.

Giroflée. — Les Giroflées sont des plantes ornementales très appréciées dans les jardins, tant par la variété de leur coloris que par la durée et le parfum de leurs fleurs. — Giroflées annuelles. Plantes de 40 centimètres environ de hauteur; fleurs odorantes simples ou doubles, de couleur variant du blanc au rouge, au violet et au jaune, des nuances les plus claires aux plus foncées; la culture étant à peu près la même pour toutes les races, nous l'indiquerons sans donner la liste des espèces et des variétés qui sont d'ailleurs très nombreuses; semis en mars-avril sur couche et sous châssis, pour repiquer sur couche et mettre en place lorsque le plant est assez développé; semis en avril-mai en place ou en pépinière, ou encore en septembre en pépinière pour hiverner sous châssis; pincement pour faire ramifier, terre terreautée. — GIROFLÉES BISANNUELLES. Section comprenant des plantes de 30 à 75 centimètres de hauteur, à fleurs blanches, roses, rouges ou violettes; semis en mai-juin en pépinière, à bonne exposition; repiquage en pépinière, puis, lorsque les sujets sont suffisamment forts, mise en place; fréquents bassinages en été; empotage en automne pour hiverner sous châssis. Parmi les Giroflées bisannuelles doivent être placées les Giroflées jaunes ou Ravenelles, qu'on peut reproduire par semis, mais qu'il est souvent préférable de multiplier par boutures après la floraison, avec des rameaux qui ne portent pas de fleurs.

Giroflée de Mahon. — V. Julienne de Mahon.

Glaïeul. — Les Glaïeuls sont des plantes bulbeuses remarquables

Glaïeul de Colville.

Glaïeul de Gand hybride.

par la beauté de leurs fleurs; les espèces et variétés connues sont très nombreuses. — GLAÏEUL COMMUN (*Gladiolus communis*). Tige de 30 à 50 centimètres de hauteur; en mai et juin, fleurs blanches, roses ou rouges ; multiplication par division des caïeux tous les trois ou quatre ans; on les plante d'octobre à décembre, à 15 centimètres de profondeur ; tous terrains. — GLAÏEUL DE CONSTANTINOPLE (*Gladiolus byzantinus*). Fleurs rouge violacé plus belles et plus grandes que celles de l'espèce précédente; même multiplication. — GLAÏEUL CARDINAL (*Gladiolus cardinalis*). Hauteur, 90 centimètres; fleurs rouge pourpre en juin-juillet ; multiplication par division des caïeux, qu'on plante en pots en septembre-octobre, pour les hiverner sous châssis. — GLAÏEUL DE COLVILLE (*Gladiolus Colvillei*). Obtenu par hybridation ; fleurs rouges en juin-juillet; variété à fleurs blanches ; plantation des bulbes en septembre-octobre; couverture de litière en hiver. — GLAÏEUL FLORIFÈRE OU FLORIBOND (*Gladiolus floribundus*). En juillet-août, grandes fleurs pourpres et blanches disposées en épis; en mars-avril, plantation des bulbes à 6 ou 7 centimètres de profondeur ; couvrir le sol d'un paillis ; en octobre on arrache les bulbes pour les conserver dans un lieu sec jusqu'à l'époque de la plantation. — GLAÏEUL DE GAND (*Gladiolus gandavensis*). Hauteur, 1 mètre à 1^m,50; de juillet en septembre, fleurs vermillon taché de jaune; ce Glaïeul a donné par hybridation un nombre considérable de belles variétés; on le multiplie comme le Glaïeul florifère, ou encore pár semis, si l'on veut obtenir des variétés nouvelles. — GLAÏEUL DE LEMOINE (*Gladiolus Lemoinei hybridus*). Obtenu par hybridation; fleurs de couleur variable, portant une tache pourpre ou brune; même culture que le précédent.

Glaucie jaune (*Glaucium luteum*). — Annuelle, souvent vivace; hauteur, 50 à 60 centimètres ; de juin en août, grandes fleurs jaunes ou rouge brique; semis en place de mars en mai ou de juillet en septembre.

Glycine. — Arbuste grimpant de 4 à 6 mètres de hauteur. — GLYCINE DE LA CHINE (*Glycine sinensis*). En avril, grandes fleurs bleu pâle ou blanches d'une odeur agréable; souvent double floraison dans l'année; taille en juin; multiplication par marcottes ou boutures. — GLYCINE FRUTESCENTE (*Glycine frutescens*). En automne, belles fleurs violettes groupées en épis; tailler long, c'est-à-dire en retranchant peu de bois; multiplication par marcottes et rejets.

Gnaphalium des Alpes ou **Edelweiss** (*Leontopodium alpinum*). — Plante vivace de 15 centimètres environ de hauteur ; nombreuses feuilles en rosette de 8 à 10 centimètres de longueur, recouvertes d'un duvet blanc; fleurs blanches, étoilées; semis au printemps sous châssis, dans un sol formé de terreau et de terre de bruyère mélangés en parties égales.

Godétie. — Plusieurs espèces sont très ornementales. — GODÉTIE RUBICONDE (*Godetia rubicunda*). Annuelle ; tiges rameuses de 60 à 70 centimètres; pendant tout l'été, belles fleurs d'un rouge vineux, pourpres au centre; semis en pépinière ou en place en avril-mai. — GODÉTIE DE WHITNEY (*Godetia Whitneyi*). Plante annuelle donnant de grandes et belles fleurs lilas marquées d'une tache rougeâtre; cette espèce a produit de nombreuses variétés; même culture que la précédente. — GODÉTIE DE LINDLEY (*Godetia lindleyana*). Annuelle; hauteur, 20 à 40 centimètres; de juillet à octobre, grandes fleurs roses tachées de pourpre au milieu; semis en pépinière en septembre-octobre.

Gomphrena. — V. Amarantoïde.

Gourde de pèlerin (*Lagenaria vulgaris*). — Plante annuelle à fruit d'ornement; tiges grimpantes; semis en avril sur couche.

Goutte-de-sang. — V. Adonide.

Grenadille. — V. Passiflore.

Groseillier. — On cultive plusieurs espèces comme arbrisseaux d'ornement. — GROSEILLIER DORÉ (*Ribes aureum*). Hauteur, 1m,50; en avril, fleurs jaunes en grappes; multiplication par éclats, marcottes et boutures; sol léger; taille après la floraison. — GROSEILLIER SANGUIN (*Ribes sanguineum*). Hauteur, 1m,60; en avril, fleurs rose vif en grappes; variétés à fleurs rouges et à fleurs doubles; même culture.

Gueule de lion. — V. Muflier.

Gutierrézie gymnospermoïde (*Gutierrezia gymnospermoides*). — Plante annuelle de 80 centimètres à 1 mètre de hauteur; de juillet à septembre, nombreuses fleurs jaune d'or; semis sur couche en avril; repiquage sur couche; mise en place en mai.

Gynerium argenté.

Gynerium argenté (*Gynerium argenteum*). — Belle plante vivace dont les feuilles longues et étroites s'élèvent jusqu'à 1 mètre du sol pour

retomber vers la terre, en formant ainsi une énorme touffe d'où partent des tiges de 2 à 3 mètres terminées par une masse de petites fleurs soyeuses, argentées; multiplication par éclats au printemps, lorsque le sujet a déjà quelques années d'existence, ou par semis en février-mars sur couche, pour repiquer sur couche et mettre en place en fin mai; terre sèche et sablonneuse à l'exposition du midi.

Gypsophile paniculée (*Gypsophila paniculata*). — Plante vivace touffue à tiges herbacées; hauteur, 70 centimètres; nombreuses petites fleurs blanches de juin en août; division des touffes au printemps, ou mieux semis d'avril en juin en pépinière, pour repiquer en pépinière et mettre en place en automne ou au printemps.

Gyroselle de Virginie (*Dodecatheon Meadia*). — Plante vivace de 30 centimètres; en mai, fleurs pendantes d'un rose pourpré; variété à fleurs blanches; éclats à la fin de l'été ou au printemps, ou semis de graines dès la maturité, en pots remplis de terre de bruyère.

H

Haricot d'Espagne (*Phaseolus multiflorus*). — Plante annuelle grimpante s'élevant à 3 mètres de hauteur; de juin en septembre, nombreuses fleurs rouge écarlate, en grappes; variétés à graine noire, à fleurs blanches, à fleurs rouges et blanches; semis en place au commencement de mai.

Héliotrope du Pérou.

Hélénie d'automne (*Helenium autumnale*). — Plante vivace de 1 à 2 mètres; d'août en octobre, grandes fleurs jaune pâle; éclats en automne ou en février-mars, ou semis d'avril en juin en pépinière, pour repiquer en pépinière et planter à demeure en automne ou au printemps.

Hélianthe. — V. Soleil.
Helichrysum. — V. Immortelle.

Héliotrope du Pérou (*Heliotropium peruvianum*). — Plante vivace à tiges rameuses de 60 à 80 centimètres de hauteur; de juin à novembre, petites fleurs bleuâtres exhalant une odeur de vanille; citons parmi les plus belles variétés de cette espèce : Héliotrope de Volaterra, Héliotrope Triomphe de Liége, Héliotrope Roi des noirs; semis en mars sur couche; repiquage sur couche; mise en place en pleine terre lorsque les pieds sont assez forts; on peut encore bouturer en automne sous cloche ou sous châssis avec les parties ligneuses des rameaux; dans ce cas la plantation des boutures s'effectue en pépinière ou en pots; on donne de l'air aussi souvent que faire se peut, mais il faut avoir soin de ne pas trop arroser.

Hellébores hybrides.

Hellébore. — Les Hellébores s'accommodent particulièrement bien d'un terrain substantiel à une exposition demi-ombragée. — HELLÉBORE ROSE DE NOEL (*Helleborus niger*). Vivace; de décembre à février, grandes fleurs d'un blanc rosé; variété à très grandes fleurs, variété à feuilles étroites; séparation des touffes en septembre-octobre. — HELLÉBORE D'ORIENT (*Helleborus orientalis*). Plante vivace; de février en avril, grandes fleurs rosées; variétés à fleurs plus foncées, depuis le rose clair jusqu'au rose pourpre; variétés hybrides; même culture. — HELLÉBORE ODORANT (*Helleborus odorus*). Plante vivace; en février-mars, fleurs verdâtres odorantes; division des touffes en août-septembre, ou semis en septembre-octobre, en pépinière, pour repiquer au printemps et mettre en place en automne; exposition ombragée.

Hellébore blanc. — V. Varaire blanc.

Hémérocalle. — Les Hémérocalles sont vivaces; elles se plaisent dans une terre fraîche et substantielle. — HÉMÉROCALLE JAUNE (*Hemerocallis flava*). Hauteur, 1 mètre; de mai en juin, nombreuses fleurs odorantes d'un jaune orangé, réunies au sommet des tiges; multiplication par division des touffes tous les trois ou quatre ans, en automne ou au printemps, ou par semis qu'on peut faire aux mêmes époques en pépinière, pour repiquer en pépinière et planter à demeure en octobre ou en mars. — HÉMÉROCALLE FAUVE (*Hemerocallis fulva*). Plante pouvant atteindre une hauteur de 1m,20; en juin-juillet, fleurs inodores d'un jaune fauve; variétés à fleurs doubles; division des touffes. — HÉMÉROCALLE A FEUILLES DISTIQUES (*Hemerocallis disticha*). Hauteur, 50 à 60 centimètres; en mai-juin, grandes fleurs jaunes; même culture que l'Hémérocalle jaune.

Hémérocalle fauve à fleurs pleines.

— HÉMÉROCALLE BLEUE (*Hemerocallis cærulea*). Hauteur, 40 centimètres; de mai en juillet, fleurs violacées en grappes; division des touffes en mars-avril tous les trois ou quatre ans. — HÉMÉROCALLE DU JAPON (*Hemerocallis japonica*). Hauteur, 30 à 40 centimètres; de juillet en septembre, grandes fleurs blanches odorantes; même culture que l'espèce précédente.

Hibiscus. — V. Ketmie.

Hépatique. — V. Anémone Hépatique.

Hortensia. — Plusieurs espèces sont assez cultivées. — HORTENSIA COMMUN (*Hydrangea Hortensia*). Hauteur, 1 à 2 mètres; de juin en novembre, fleurs rose pourpre ou bleu violacé; reproduction par boutures sous châssis, marcottes ou drageons enracinés; sol frais et léger à mi-soleil; plante sensible aux gelées. — HORTENSIA DE VIRGINIE

(*Hydrangea arborescens*). Hauteur, 1 mètre; fleurs blanches en juillet; même culture. — HORTENSIA DU JAPON (*Hydrangea japonica*). En août, fleurs d'un rose bleuâtre; reproduction par boutures.

Hotéia du Japon (*Hoteia japonica*). — Plante vivace touffue de 30 à 40 centimètres de hauteur; jolies fleurs blanches très nombreuses en juillet-août; division des touffes au printemps ou à la fin de l'été; terre fraîche légère et substantielle exposée à l'ombre.

Houblon. — On cultive dans nos jardins deux espèces principales:— HOUBLON CULTIVÉ (*Humulus lupulus*). Plante vivace grimpante pouvant servir à garnir les berceaux et les tonnelles; multiplication par éclats de pied. — HOUBLON DU JAPON (*Humulus japonicus*). Plante annuelle grimpante cultivée surtout pour son feuillage; semis en pépinière immédiatement après la maturité des graines ou au printemps; lorsque les plants sont assez forts, repiquage en place.

Houx commun (*Ilex aquifolium*). — Arbrisseau touffu atteignant de 6 à 8 mètres de hauteur; feuilles persistantes d'un vert brillant; en mai-juin, petites fleurs blanches insignifiantes; jolies baies rouge vif mûrissant en septembre et ne se détachant de l'arbre qu'au printemps; nombreuses variétés; semis dès la maturité des graines ou greffe des variétés sur l'espèce.

Hyacinthe. — V. Jacinthe.

Hydrangea. — V. Hortensia.

Hypericum calycinum. — V. Millepertuis à grandes fleurs.

I

Ibéride. — V. Thlaspi.

Igname (*Dioscorea japonica*). — Plante vivace tuberculeuse utilisée surtout comme plante potagère; on l'emploie néanmoins comme plante d'ornement à cause de ses longues tiges grimpantes couvertes d'un beau feuillage; fleurs insignifiantes; multiplication par plantation en mars de collets de tubercules, ou par les bulbilles qui naissent à l'aisselle des feuilles, plantés en février-mars et qui produisent des tubercules qu'on met en place au printemps suivant.

Immortelle. — On désigne sous ce nom plusieurs espèces de plantes

remarquables par la longue durée de leurs fleurs. — Immortelle a
bractées (*Helichrysum bracteatum*). Jolie plante annuelle à tiges
rameuses, pouvant s'élever à 1^m,20 de hauteur ; de juin-juillet en
octobre, fleurs d'un jaune doré ; variétés à fleurs blanches, à fleurs
rouges, variétés naines, variétés à fleurs doubles de couleurs variables ; semis en mars-avril sur couche pour
mettre en place en mai, ou en avril en pépinière à bonne exposition pour mettre en
place en mai ; terre légère bien exposée. —
Immortelle jaune (*Helichrysum orientale*).
Plante vivace de 35 centimètres environ de
hauteur ; d'avril en août, belles fleurs d'un
jaune luisant ; multiplication par boutures,
éclats ou semis sous châssis ; ce n'est
guère que dans la région méditerranéenne
qu'on peut cultiver cette espèce en plein
air. — Immortelle annuelle (*Xeranthemum
annuum*). Plante rameuse de 50 à 60 centimètres de hauteur ; de juillet en octobre,
fleurs simples ou doubles de coloris va-

Immortelle à bractées.

riable ; multiplication par semis en avril-mai, soit sur place soit en
pépinière.

Immortelle. — V. aussi Acroclinium et Amarantoïde.

Impatiente. — V. Balsamine.

Impériale. — V. Fritillaire impériale.

Ipomée. — Un assez grand nombre d'espèces sont très répandues :—
Ipomée pourpre ou Volubilis (*Ipomæa purpurea*). Plante annuelle de
2^m,50 à 3 mètres de hauteur ; tiges volubiles ; de juillet en septembre,
fleurs de couleurs variées, en forme d'entonnoir ; semis en avril-mai,
sur place, à bonne exposition. — Ipomée remarquable (*Ipomæa bona-
nox*). Belle plante annuelle grimpante dont la tige peut atteindre jusqu'à 3 mètres de hauteur ; fleurs rose tendre ou rouge violet en forme
d'entonnoir, en septembre-octobre ; semis en avril sur couche ; repiquage en pots sur couche ; mise en place à la fin de mai. — Ipomée
du Mexique a grandes fleurs blanches (*Ipomæa mexicana grandiflora
alba*). Belle plante grimpante à fleurs très grandes, d'un beau blanc,
exhalant une odeur agréable ; cette remarquable espèce ne peut guère
être cultivée que dans les provinces du sud où on la reproduit par
semis. — Ipomée a feuilles de Lierre (*Ipomæa hederacea*). Plante

annuelle à tige volubile de 2 à 3 mètres de hauteur ; de juillet en septembre, fleurs blanches bleuâtres au sommet ; semis sur place en avril-mai ; bonne exposition. — Ipomée Quamoclit (*Ipomæa Quamoclit*). Plante annuelle grimpante atteignant 1^m,20 de hauteur ; fleurs rouge vif ; variétés à fleurs blanches et à fleurs roses ; même culture que l'Ipomée remarquable. — Ipomée écarlate (*Ipomæa coccinea*). Plante annuelle grimpante de 3 à 5 mètres de hauteur ; de juillet en octobre, fleurs rouges odorantes ; variété à fleurs jaunes ; semis en place en mai ou en avril en pots et sur couche ; terre légère et substantielle bien exposée.

Ipomopside élégante (*Ipomopsis elegans*). — Plante bisannuelle de 1 mètre à 1^m,30 de hauteur ; de juillet en octobre, fleurs rouge écarlate ; semis en pépinière en août ; repiquage en pépinière, sous châssis ; mise en place au printemps ; cette jolie plante craint l'humidité.

Ipomée pourpre ou Volubilis.

.Iris. — Les couleurs vives et variées de ses fleurs font de l'Iris une plante des plus appréciées pour l'ornementation des jardins ; on en connaît un grand nombre d'espèces. — Iris d'Allemagne (*Iris germanica*). Vivace ; en mai-juin, grandes fleurs odorantes, violet foncé, blanches ou bleues ; multiplication par division des racines en automne ou au printemps tous les trois ou quatre ans ; terrain quelconque. — Iris de Florence (*Iris florentina*). Vivace ; en juin, fleurs blanches odorantes ; même culture ; sous le climat de Paris, couverture de litière pendant les froids. — Iris panaché (*Iris variegata*). Vivace ; en mai-juin, fleurs jaunes striées de violet ; même culture ; cette espèce a donné par hybridation un grand nombre de variétés. — Iris nain (*Iris pumila*). Plante vivace de 15 centimètres environ de hauteur ; en avril-mai, fleurs d'un violet foncé ; variétés à fleurs bleu céleste, à fleurs blanchâtres, à fleurs jaunâtres ; même culture. — Iris de Suze (*Iris susiana*). Plante vivace de 40 à 60 centimètres de hauteur, dont la hampe porte une fleur unique, grande, d'un blanc bleuâtre marbré de pourpre foncé et qui paraît en mai ou juin ; même culture. — Iris des marais (*Iris pseudo-Acorus*). Plante vivace de 75 centimètres à 1 mètre de hauteur ; en juin-juillet, fleurs jaunes ; même multiplication ; terre humide, de préférence au bord de l'eau. — Iris de Kæmpfer (*Iris Kæmpferi*). Vivace ; en juin-juillet, fleurs bleues marquées d'une tache jaune à la base ; nombreuses variétés remarquables ; division des pieds en automne, ou semis en pépinière en avril ; terrain frais. — Iris Xiphion ou d'Espagne (*Iris Xiphium*). Vivace ; en mai-juin, fleurs odorantes de couleurs très variées ; multiplication par séparation des caïeux qu'on plante en octobre-novembre et qu'on arrache tous les quatre ans lorsque les feuilles sont sèches, afin de les diviser. — Iris xiphioïde ou d'Angleterre (*Iris xiphioides*). Vivace ; tiges de 40 à 50 centimètres de hauteur ; en juin-juillet, fleurs bleues ; variétés à fleurs de couleurs diverses ; même culture que l'espèce précédente.

Ixia. — Jolie petite plante bulbeuse à floraison précoce. — Ixia safrané (*Ixia crocata*). Hauteur, 25 à 30 centimètres ; en mai, grandes fleurs jaunes réunies en épi ; multiplication par séparation des

Variétés hybrides de l'Iris d'Allemagne et de l'Iris panaché.

caïeux, qu'on plante en octobre et qui fleurissent la deuxième année ; sol sablonneux ; châssis en hiver. — Ixia bulbocode (*Ixia bulbocodium*). En mars, fleurs pourpres, violettes, bleues, jaunes ou blanches ; même reproduction ; terrain frais et léger à demi-ombre. — Ixia maculé (*Ixia maculata*). Hauteur, 30 à 35 centimètres ; en mai-juin, fleurs en épis, de couleurs variables ; même culture.

J

Jacinthe d'Orient (*Hyacinthus orientalis*). — Cette belle plante bulbeuse a sa place dans tous les jardins ; elle est remarquable à la fois
par la beauté et par le parfum de ses fleurs. La Jacinthe ne s'élève
guère qu'à 20 ou 30 centimètres ; ses fleurs blanches, jaune clair, roses
ou bleues sont disposées en grappe au sommet de la hampe ; elles sont

Jacinthe de Hollande simple.

Jacinthe de Hollande double.

petites ou grandes, simples ou doubles, suivant les variétés. Les Jacinthes d'Orient se classent en deux groupes principaux : les Jacinthes
de Hollande et les Jacinthes de Paris ; chacune de ces deux catégories
renferme d'ailleurs des variétés à fleurs simples et des variétés à fleurs
doubles. Les Jacinthes de Hollande sont assurément les plus belles ;
comme leur nom l'indique, elles ont été obtenues en Hollande, et c'est
de ce pays qu'elles ont été importées en France ; il en existe un nombre
infini de variétés. Les Jacinthes de Paris leur sont bien inférieures
en beauté, mais leur rusticité est plus grande.

La plantation des ognons de Jacinthe s'effectue ordinairement en
quinconces de septembre en novembre, en espaçant de 15 centimètres
environ et en plantant à une profondeur de 10 à 15 centimètres, dans
un terrain sablonneux, de préférence ; pendant les froids on couvre la

plantation d'une couche de litière qui sera retirée au printemps ; c'est en mars-avril que paraissent les fleurs. Lorsqu'on ne veut pas obtenir de graines, il est bon de couper les hampes après la floraison. Quand les feuilles sont desséchées, on arrache les bulbes qu'on laisse quelque temps à l'ombre pour se ressuyer, puis on les rentre dans un lieu sec. L'année suivante, quelques jours avant la plantation, on procède à la séparation des caïeux, qu'on plante en pépinière assez rapprochés les uns des autres et à peu de profondeur; on les traitera de la même manière que les ognons, mais ce n'est qu'au bout de trois ou quatre ans de culture qu'ils pourront donner des fleurs.

La multiplication par semis est de beaucoup moins rapide, mais elle permet parfois d'obtenir des variétés nouvelles. On sème en août-septembre dans un sol léger, à la volée, puis on recouvre les graines de 2 centimètres de terre ; pendant l'hiver on abrite au moyen d'une couche de litière, qu'on étend sur le sol et qu'on enlève au printemps, époque à laquelle s'effectue la levée; en été on laisse les jeunes bulbes en place en les recouvrant d'une couche d'environ 5 centimètres de terre, qu'on enlèvera en automne pour la remplacer par de la litière. Dans la suite on donnera les mêmes soins que nous avons décrits précédemment pour la multiplication par caïeux; on aura des fleurs au bout de quatre ou cinq ans.

La Jacinthe peut croître constamment à l'ombre, aussi est-ce une plante éminemment propre à l'ornementation des appartements où elle est généralement cultivée en pots. Dans ce cas, on la plante à partir de la mi-septembre jusqu'en fin novembre dans de la terre légère terreautée, en recouvrant complètement l'ognon; on arrose ensuite abondamment; cela fait, on transporte les pots dans une fosse creusée dans le jardin où on les recouvre d'une couche de terre d'environ 10 centimètres d'épaisseur [1]. Six semaines après cette opération, on peut commencer à retirer les pots pour les rentrer dans l'appartement où ils seront placés près de la lumière. Si l'on a pris la précaution d'échelonner les époques de plantation des ognons, on pourra obtenir des fleurs pendant l'hiver.

Dans les appartements les Jacinthes sont aussi cultivées dans des vases ou des carafes remplis d'eau où l'on place l'ognon de manière que sa base soit en contact avec le liquide. Les seuls soins à donner consistent à tenir l'eau constamment au même niveau et à la renouveler entièrement tous les quinze jours. On trouve dans le commerce des vases de forme très variée destinés à ce mode de culture.

---

1. Certains horticulteurs se contentent de laisser les pots dehors jusqu'aux premières gelées.

Jasmin. — Les Jasmins sont de jolis arbrisseaux qu'on trouve dans la plupart des jardins ; il en existe un grand nombre d'espèces ; nous citerons les principales :— JASMIN OFFICINAL (*Jasminum officinale*). Arbrisseau sarmenteux, grimpant, donnant de juillet en octobre des fleurs d'un blanc pur qui exhalent une odeur des plus agréables ; multiplication par marcottes, ou par boutures sur couche et sous châssis ; exposition du midi ; arrosages fréquents en été ; couverture de litière en hiver ; taille au printemps. — JASMIN D'ARABIE (*Jasminum Sambac*). Arbrisseau grimpant pouvant atteindre jusqu'à 4 mètres de hauteur ; en été, nombreuses fleurs à odeur suave ; marcottes, boutures, ou greffe sur le Jasmin officinal ; terre riche ; arrosages fréquents ; taille au printemps. — JASMIN MULTIFLORE (*Jasminum multiflorum*). Arbrisseau un peu grimpant ; en automne, fleurs blanches odorantes ; même culture. — JASMIN D'ESPAGNE (*Jasminum grandiflorum*). A partir de juillet, grandes fleurs odorantes, blanches à l'intérieur, lavées de rouge à l'extérieur ; même culture. — JASMIN TRIOMPHANT (*Jasminum revolutum*). Hauteur, 3 mètres à 3m,50 ; fleurs jaunes très odorantes ; même culture. — JASMIN JONQUILLE (*Jasminum odoratissum*). Pendant une grande partie de l'année, fleurs jaunes odorantes ; multiplication par semis, drageons ou marcottes ; taille au printemps.

Jasmin de Virginie. — V. Bignone.

Jonquille. — V. Narcisse Jonquille.

Joubarbe des toits. (*Sempervivum tectorum*). — Plante vivace de 30 centimètres ; en juin-juillet, fleurs odorantes rose pourpré ; multiplication par semis d'avril en juin en pépinière, ou par les bulbilles produites à l'aisselle des feuilles ; sol sec et léger, au soleil.

Julienne de Mahon.

Julienne. — Plusieurs espèces sont particulièrement recherchées :
— JULIENNE DES JARDINS (*Hesperis matronalis*). Vivace ; tige rameuse de 50 à 75 centimètres ; de mai en juillet, fleurs odorantes blanches, violettes ou rouges, simples ou doubles ; les variétés à fleurs simples se multiplient par semis en pépinière d'avril en juillet, pour être repiquées en pépinière et plantées à demeure en automne ou au printemps, ou par division des touffes en juillet-août ; les variétés à

fleurs doubles se multiplient par division des touffes en juillet-août, ou par boutures faites en pépinière à l'ombre, après la floraison; sol substantiel, frais et ombragé de préférence. — JULIENNE D'ORIENT VIOLETTE (*Hesperis violacea*). Plante vivace, rameuse; en avril-mai, nombreuses: fleurs violet clair; semée en pépinière ou en place en avril, elle fleurit au printemps de l'année suivante. — JULIENNE DE MAHON (*Hesperis maritima*). — Plante annuelle, rameuse, de 20 à 30 centimètres; fleurs roses odorantes, passant au violet en vieillissant; variété à fleurs blanches; semis en place en avril-mai, ou en septembre en place ou en pépinière; dans ce dernier cas on hiverne sous châssis; terrain pierreux ou sablonneux à bonne exposition; bordures, corbeilles et plates-bandes.

K

Kaulfussie amelloïde (*Kaulfussia amelloides*). — Plante annuelle, rameuse, de 20 à 25 centimètres; fleurs à rayons bleus et à disque pourpre; variétés à fleurs bleu foncé et à fleurs roses; semis: 1° sur couche en mars-avril pour planter à demeure en avril-mai; 2° en place en avril-mai; 3° en septembre en pépinière pour repiquer en pots ou en pépinière, hiverner sous châssis et mettre en place en avril.

Kerria du Japon (*Kerria japonica*). — Arbrisseau de 1ᵐ,50 à 2 mètres de hauteur; à partir de février jusqu'à la fin de l'été, nombreuses fleurs jaunes simples ou doubles; multiplication par boutures ou drageons; terre légère à une exposition ombragée; taille au printemps.

Ketmie. — Ce genre renferme de nombreuses espèces remarquables par la beauté de leurs fleurs. — KETMIE DES JARDINS (*Hibiscus syriacus*). Arbrisseau atteignant 1ᵐ,80 de hauteur, donnant en août-septembre de jolies fleurs simples ou doubles, pourpres, rouges, violettes, bleues, jaunes ou blanches; semis au printemps en pots et sur couche; repiquage en pots; terre légère à bonne exposition; plante sensible aux froids. — KETMIE DES MARAIS (*Hibiscus palustris*). Plante vivace, touffue, de 1 mètre de hauteur; d'août en octobre, fleurs en cloche de couleur rose; semer d'avril en juin, en pépinière ou en pots; repiquer en pépinière ou en pots; hiverner sous châssis; mettre en place en avril-mai; on peut encore diviser les touffes au printemps; terre profonde et fraîche à bonne exposition. — KETMIE A FLEURS ROSES (*Hibiscus roseus*). Plante vivace, touffue, de 1ᵐ,50 de hauteur ; d'août en octobre, grandes fleurs roses en cloche, tachées de pourpre à la base ; même culture que l'espèce précédente. — KETMIE MILITAIRE (*Hibiscus militaris*). Vivace ; hauteur, 1ᵐ,30 environ ; d'août en octobre, fleurs assez grandes, en cloche, de couleur rose foncé ; même culture. — KETMIE VÉSICULEUSE (*Hibiscus Trionum*). Annuelle ; hauteur, 60 centimètres ; de juillet en septembre, fleurs jaunes en entonnoir ; semis en place en avril-mai ; sol léger, à exposition chaude. — KETMIE D'AFRIQUE (*Hibiscus vesicarius*). Plante se rapprochant beaucoup de l'espèce précédente ; fleurs plus grandes, de juillet en septembre ; même culture.

L

Lamier taché (*Lamium maculatum*). — Plante vivace de 30 à 40 centimètres ; feuilles tachées de blanc ; d'avril en juillet, fleurs roses en grappes ; éclats en automne ou au printemps ; sol frais.

Lathyrus. — V. Gesse.

Laurier-Rose (*Nerium Oleander*). — Bel arbrisseau de 5 à 6 mètres de hauteur ; en été et en automne, fleurs roses, blanches ou jaunes, simples ou doubles, suivant la variété ; multiplication par semis, marcottes ou boutures ; terre fraîche abondamment fumée ; arrosages fréquemment répétés en été ; taille au commencement du printemps.

Laurier-tin. — V. Viorne.

Lavatère. — Les Lavatères sont de belles plantes ornementales qui mériteraient d'être plus répandues. — LAVATÈRE A GRANDES FLEURS (*Lavatera trimestris*). Annuelle ; hauteur, 80 centimètres à 1 mètre ; de juillet à septembre, grandes fleurs roses veinées de rouge ; variété à fleurs blanches ; semis en place en avril-mai, ou en pépinière à la même époque pour repiquer en pépinière et mettre en place en mai-juin. — LAVATÈRE EN ARBRE (*Lavatera arborea*). Hauteur, 2 mètres ; à partir de juillet jusqu'en novembre, fleurs d'un violet clair ; semis en place ou en pépinière en mars-avril. — LAVATÈRE D'HYÈRES (*Lavatera Olbia*). Plante vivace rameuse, de 2 mètres de hauteur ; de juillet en octobre, fleurs d'un rose pourpré ; semis en mai-juin en pépinière ;

repiquage en pots pour hiverner sous châssis; mise en place au printemps; sol léger, au soleil; arrosements fréquents et abondants en été.

Leptosiphon. — Plusieurs espèces sont assez cultivées. — LEPTOSIPHON A FLEURS D'ANDROSACE (*Leptosiphon androsaçeus*). Annuel; hauteur, 15 à 25 centimètres; fleurs violacées ou pourpres; variété à fleurs blanches; semis sur place en mars-avril, ou en septembre-octobre en pépinière pour repiquer en pépinière, hiverner sous châssis et mettre en place en fin avril. — LEPTOSIPHON A GRANDES FLEURS (*Leptosiphon densiflorus*). Plante annuelle, touffue, de 30 centimètres; pendant l'été, fleurs rose clair d'abord, bleues ensuite; variété à fleurs blanches; variété naine; même culture que l'espèce précédente. — LEPTOSIPHON A FLEURS JAUNE D'OR (*Leptosiphon aureus*). Plante touffue dépassant rarement 10 centimètres; en juillet-août, petites fleurs jaune d'or très nombreuses; même reproduction. — LEPTOSIPHON JAUNE (*Leptosiphon luteus*). Espèce voisine de la précédente, à fleurs jaune pâle; même culture. — LEPTOSIPHON A FLEURS ROSES (*Leptosiphon parviflorus*). Plante touffue donnant en avril-mai un grand nombre de fleurs rose vif; même culture. — LEPTOSIPHON HYBRIDE (*Leptosiphon hybridus*). Plante touffue obtenue par hybridation; en juin-juillet, nombreuses fleurs d'un coloris variable; même culture.

Leucoïum. — V. NIVÉOLE.

Liatride. — Ce genre comprend plusieurs espèces assez intéressantes. — LIATRIDE EN ÉPI (*Liatris spicata*). Vivace; hauteur, 40 à 50 centimètres; jolies fleurs pourpres en septembre; multiplication par division des touffes au printemps. — LIATRIDE A ÉPI SERRÉ (*Liatris pycnostachya*). Plante vivace atteignant fréquemment 1 mètre de hauteur; de juillet en septembre, petites fleurs d'un rouge violacé; division des touffes au printemps ou semis en mai-juin, en pépinière pour repiquer en pots, hiverner sous châssis et mettre en place en mai-juin; terre fraîche terreautée.— LIATRIDE ÉCAILLEUSE (*Liatris scariosa*). Vivace; hauteur, 70 centimètres environ; en septembre, grandes fleurs rouge violacé; même multiplication que l'espèce précédente.

Lierre commun (*Hedera helix*). — Arbrisseau grimpant de 10 à 13 mètres; feuilles persistantes; nombreuses variétés à feuilles diversement découpées ou panachées; en septembre-octobre, petites fleurs verdâtres; multiplication par semis, boutures ou marcottes.

Lilas. — V. Syringa.

Lin. — On en cultive plusieurs espèces qui conviennent à la fois pour les bordures, les corbeilles et les plates-bandes. — LIN A GRANDES

FLEURS (*Linum grandiflorum*). Plante annuelle rameuse de 25 à 30 centimètres; grandes fleurs d'un beau rouge; variété à fleurs roses; semis en place en avril-mai, ou en pépinière en septembre pour repiquer en pots, hiverner sous châssis et mettre en place au printemps. — LIN A FLEURS CAMPANULÉES (*Linum campanulatum*). Plante vivace de 20 à 30 centimètres; en juin-juillet, grandes fleurs d'un jaune doré; multiplication par boutures en août-septembre, qu'on hiverne

sous châssis et qu'on met à demeure en avril, ou par semis en pots d'avril en juillet, pour repiquer en pots, hiverner sous châssis et planter à demeure au printemps. — LIN VIVACE (*Linum perenne*). Plante vivace de 30 à 50 centimètres; en juin-juillet, jolies fleurs bleues; variété à fleurs blanches; division des touffes au commencement de l'automne ou du printemps, ou semis en pépinière de mai à juillet, pour repiquer en pépinière et mettre en place en automne ou au printemps.

Linaire pourpre. (*Linaria bipartita*). — Plante annuelle rameuse de 30 à 40 centimètres; fleurs bleu violet en grappes; variétés à fleurs blanches et à

LIN
VIVACE VARIÉ.

fleurs pourpres; semis de mars en juin, en poquets et à demeure, ou en septembre en pépinière ou en place.

Linosyris commune (*Linosyris vulgaris*). — Plante vivace touffue de 50 centimètres environ de hauteur; en juin-juillet, nombreuses fleurs jaunâtres; multiplication par éclats en automne ou au printemps.

Lis. — Belles plantes bulbeuses comprenant plus de cinquante espèces. — LIS BLANC COMMUN (*Lilium candidum*). Tige atteignant 1 mètre de hauteur; en juin, grandes fleurs blanches en grappes, exhalant une odeur pénétrante; variétés à fleurs ensanglantées, à feuilles panachées, à fleurs doubles; multiplication par division des caïeux en juillet-août, pour replanter immédiatement, en espaçant de 40 centimètres.

— Lis a longues fleurs (*Lilium longiflorum*). Hauteur, 25 à 40 centimètres; en juin-juillet, belles fleurs blanches très odorantes; même multiplication que l'espèce précédente; sol ni trop humide ni trop ombragé. — Lis gigantesque (*Lilium giganteum*). Tige forte pouvant atteindre de 2 à 3 mètres de hauteur; en juillet-août, fleurs odorantes d'un blanc verdâtre lavées de pourpre à l'intérieur, et formant une belle grappe à l'extrémité des tiges; multiplication par séparation et plantation des caïeux au printemps; on peut aussi semer après la maturité des graines ou au printemps dans des pots remplis d'une terre légère qu'on place sous châssis; pendant la germination on ombre et on arrose afin de tenir le sol frais; on attend deux années pour arracher et planter en pleine terre les jeunes bulbes; les ognons mûrissent vers la quatrième ou la cinquième année. — Lis orangé ou safrané (*Lilium croceum*). Tige haute de 60 centimètres à 1 mètre; en juin-juillet, grandes et belles fleurs d'un rouge safrané ponctuées de pourpre foncé; plusieurs variétés; en automne ou au printemps, séparation des caïeux qu'on replante à 20 centimètres de profondeur; lorsqu'on veut conserver quelque temps les bulbes hors de terre, il faut les mettre en cave dans du sable humide.— Lis élégant (*Lilium pulchellum*). Tige de 50 à 60 centimètres de hauteur; en mai-juin, fleurs d'un beau rouge orangé ponctuées de pourpre à la base; multiplication par séparation des caïeux, qu'on replante immédiatement en automne ou qu'on conserve en cave dans du sable humide pour les planter au printemps. — Lis superbe (*Lilium superbum*). Tige de 50 centimètres à 1 mètre; en juillet-août, fleurs rouge orangé ponctuées de pourpre foncé; multipli-

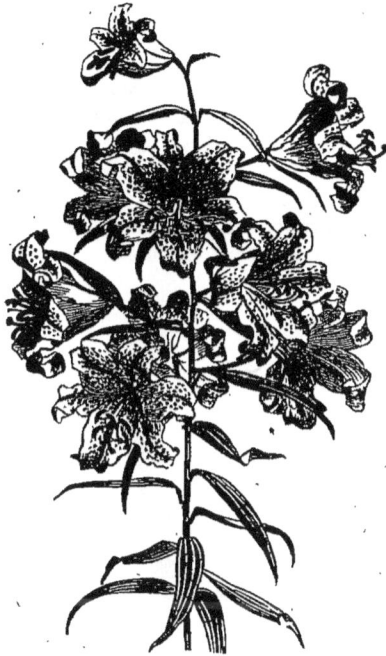

Lis doré du Japon.

cation par division des caïeux en automne tous les trois ou quatre ans; terre de bruyère à une exposition demi-ombragée; couverture de litière en hiver. — Lis Martagon (*Lilium Martagon*). Tige de 50 à 70 centimètres; en juin-juillet, fleurs pourprées ponctuées de noir; variétés à fleurs blanches et à fleurs doubles; division des caïeux en août, ou semis en pots et en terre de bruyère, d'avril en juillet. — Lis bulbifère (*Lilium bulbiferum*). Hauteur, 60 à 80 centimètres; en mai-juin, fleurs rouge orangé ponctuées de brun; multiplication par division des caïeux à la fin de l'été, en automne ou au printemps; on peut encore planter les bulbilles produites à l'aisselle des feuilles après les avoir stratifiées dans du sable humide. — Lis doré du Japon (*Lilium auratum*). Tige dont la hauteur peut varier entre 60 centimètres et 1m,50; en juin-juillet, très grandes fleurs odorantes blanches ponctuées de pourpre et portant une raie jaune sur le milieu de chaque division; multiplication par division des caïeux, séparation et plantation des écailles des bulbes, plantation des bulbilles ou semis comme nous l'avons expliqué pour le Lis gigantesque.

Liseron. — V. Calystégie, Ipomée et Belle-de-Jour.

Loasa orangé (*Loasa aurantiaca*). — Plante grimpante pouvant atteindre de 2 à 3 mètres, cultivée en pleine terre comme annuelle; fleurs rouge brique pendant l'été; semis sur couche en mars-avril; repiquage sur couche ou en pots sur couche; mise en place en fin mai.

Lobélie. — Plusieurs espèces sont assez recherchées : — Lobélie Érine (*Lobelia erinus*). Plante touffue de 15 centimètres environ de hauteur, cultivée comme annuelle; de juin à septembre, petites fleurs bleues d'un bel effet; nombreuses variétés à fleurs diversement colorées; semis en mars-avril sur couche en recouvrant peu ou même pas du tout les graines; repiquage sur couche; mise en place en fin

Lobélie éclatante.

mai; on peut encore semer en fin avril en pépinière, en juin sur place, ou en août-septembre en pépinière pour hiverner sous châssis; cette plante peut aussi se multiplier par boutures qu'on fait sous châssis, de préférence en automne. — Lobélie cardinale (*Lobelia cardinalis*). Plante vivace de 30 à 50 centimètres de hauteur; de juillet en octobre, fleurs d'un rouge écarlate; plusieurs variétés; semis sur couche et sous châssis immédiatement après la maturité des graines, ou d'avril en juin en pépinière, pour repiquer en pépinière et planter à demeure au printemps suivant; on peut encore diviser les touffes en automne ou au printemps; exposition demi-ombragée; couche de litière en hiver. — LOBÉLIE ÉCLATANTE (*Lobelia fulgens*). Vivace; tige rameuse de 80 centimètres à 1 mètre de hauteur; grandes fleurs rouges de juin en octobre; même culture. — LOBÉLIE SYPHILITIQUE (*Lobelia syphilitica*). Plante vivace de 60 à 70 centimètres; d'août en octobre, fleurs bleues en épis; même culture; terre fraîche à bonne exposition.

Lonicera. — V. Chèvrefeuille.

Lophosperme grimpant (*Lophospermum scandens*). — Plante grimpante de 2 à 3 mètres, annuelle en pleine terre; d'août en octobre, jolies fleurs roses; semis sur couche en février-mars; repiquage en pots sur couche; mise en place en fin mai.

Lunaire ou **Monnaie du pape** (*Lunaria biennis*). — Plante bisannuelle, rameuse, de 1 mètre de hauteur; en avril-mai, nombreuses fleurs pourpres ou blanches en grappes; fruits satinés en forme d'ovale qu'on emploie dans la confection des bouquets perpétuels; semis en mai-juin en pépinière; repiquage en pépinière; mise en place en automne ou au printemps; terre fraîche et légère à demi-ombre.

Lupin. — Les Lupins préfèrent une terre légère et sablonneuse et végètent mal dans un sol calcaire ou argileux; on distingue des espèces annuelles et des espèces vivaces. — LUPIN NAIN (*Lupinus nanus*). Plante annuelle de 20 à 30 centimètres; en juin-juillet, fleurs de couleur blanche à la partie supérieure, bleues sur les côtés, blanc brunâtre à la partie inférieure; semis en place en avril-mai; n'arroser qu'en cas de grande sécheresse. — LUPIN CHANGEANT (*Lupinus mutabilis*). Plante annuelle dont la tige peut dépasser 1 mètre de hauteur; de juin à octobre, fleurs odorantes bleu violacé, blanches à la partie supérieure; même culture. — LUPIN POLYPHYLLE (*Lupinus polyphyllus*). Plante vivace, touffue, pouvant atteindre 1m,50 de hauteur; de mai en août, belles fleurs bleues en épis; semis d'avril en juin en place, à l'exposition du midi de préférence. Il existe d'autres espèces de Lupin qui, suivant qu'elles sont annuelles ou vivaces, se cultivent comme le Lupin nain ou le Lupin polyphylle.

Lychnide. — Plante vivace dont on cultive dans nos jardins plusieurs espèces pour la beauté de leurs fleurs. — LYCHNIDE CROIX DE JÉRUSALEM (*Lychnis Chalcedonica*). Hauteur, 80 centimètres à 1 mètre;

en juin-juillet, nombreuses fleurs simples ou doubles, pourpres, roses ou blanches; multiplication par semis d'avril en juin en pépinière, ou par division des pieds au commencement de l'automne ou au printemps tous les deux ou trois ans; terre sablonneuse, plutôt sèche qu'humide. — LYCHNIDE LACINIÉE (*Lychnis Flos cuculi*). Tiges de 35 à 50 centimètres de hauteur; de juin en août, fleurs rouges simples ou doubles;

la variété à fleurs simples se multiplie surtout par semis d'avril en juin en pépinière, pour mettre en place en automne ou au printemps; la variété à fleurs doubles se multiplie par division des touffes en automne ou au printemps; terrain frais. — LYCHNIDE VISQUEUSE (*Lychnis viscaria*). Tiges de 30 à 50 centimètres de hauteur; en mai-juin, fleurs roses ou rouges; multiplication par semis d'avril en juin en pépinière, ou par division des pieds en automne ou au printemps; on cultive des variétés à fleurs doubles roses ou blanches, qui se multiplient par division des pieds; terrain sec. — LYCHNIDE DIOÏQUE (*Lychnis*

Lychnide de Haage.

dioica). Tiges rameuses de 50 centimètres de hauteur; de mai en juillet, fleurs doubles, roses ou blanches; division des touffes en automne ou au printemps. — LYCHNIDE ÉCLATANTE (*Lychnis fulgens*). Tiges de 30 centimètres; de juin en août, fleurs écarlates; semis en mai-juin en pépinière et à l'ombre, ou encore multiplication par éclats au printemps. — LYCHNIDE DE HAAGE (*Lychnis haageana*). Plante de 30 à 50 centimètres; en juin-juillet, fleurs rouge orangé ou blanches; semis immédiatement après la maturité des graines ou en mai-juin en pépinière; on peut encore reproduire cette espèce par éclats.

Lychnide. — V. aussi Coquelourde.

M

Madia élégant (*Madia elegans*). — Plante annuelle rameuse atteignant 1 mètre de hauteur ; de juillet en août, jolies fleurs jaunes ; semis sur place en avril-mai.

Magnolia. — Ce genre comprend des arbres et des arbrisseaux de dimensions très variables ; nous nous bornerons à mentionner deux des espèces les plus propres à orner des jardins de moyenne étendue : — MAGNOLIA GLAUQUE (*Magnolia glauca*). Arbrisseau de 4 à 5 mètres de hauteur ; de juillet en septembre, fleurs blanches exhalant une odeur très agréable ; multiplication par boutures sous châssis en terre de bruyère ou par marcottes ; sol frais et léger. — MAGNOLIA DISCOLORE (*Magnolia discolor*). Arbrisseau de 1 à 4 mètres ; d'avril en juin, grandes fleurs pourpres en dehors et blanches à l'intérieur ; même culture.

Mahonia. — Arbrisseau dont plusieurs espèces sont assez répandues. — MAHONIA RAMPANT (*Mahonia repens*). Hauteur, 40 centimètres environ ; feuilles persistantes ; en mai, fleurs jaunes disposées en grappes ; multiplication par semis ou rejets ; sol léger et frais. — MAHONIA A FEUILLES DE HOUX (*Mahonia aquifolium*). Arbrisseau buissonnant de 1 mètre de hauteur ; feuilles persistantes ; fleurs jaunes en grappes en avril-mai ; même culture que l'espèce précédente.

Malcolmia maritima. — V. Julienne de Mahon.

Malope à trois lobes (*Malope trifida*). — Plante annuelle à tige rameuse de 60 centimètres à 1 mètre de hauteur ; durant l'été, fleurs rose foncé ; variété à grandes fleurs roses, variété à grandes fleurs blanches ; semis en place en avril-mai ; fréquents arrosages en été.

Marguerite. — V. Pâquerette.

Martagon. — V. Lis Martagon.

Martynia. — On cultive plusieurs jolies espèces annuelles. — MARTYNIA A TROMPE (*Martynia proboscidea*). Tige rameuse de 40 à 50 centimètres ; de juin en septembre, grandes fleurs odorantes d'un blanc jaunâtre ; en automne, fruits terminés par deux sortes de cornes ; semis sur couche chaude en mars-avril ; repiquage sur couche ; mise en place lorsque les pieds ont pris assez de force ; on peut encore semer sur place en avril-mai dans du terreau ; bonne exposition. — MARTYNIA

MAURANDIE.

117

ODORANT (*Martynia fragrans*). Espèce se rapprochant de la précédente; fleurs purpurines plus grandes, fruit plus développé ; même culture. — MARTYNIA A FLEURS JAUNES (*Martynia lutea*). Nombreuses fleurs jaune d'or en grappes ; fruit très gros ; même culture.

Martynia odorant (fleurs).

Martynia à fleurs jaunes (fruit).

Matricaire inodore (*Matricaria inodora*). — Plante à tiges rameuses de 30 à 40 centimètres de hauteur ; à partir de juin jusqu'en octobre, fleurs à rayons blancs et à disque jaune ; variétés à fleurs blanches doubles ; semis en pépinière en septembre pour repiquer en pépinière sous châssis à bonne exposition et mettre en place en mars-avril ; on peut encore bouturer en automne en pépinière et sous châssis.

Matthiola. — V. Giroflée.

Maurandie. — Les Maurandies sont des plantes vivaces cultivées comme annuelles en pleine terre. — MAURANDIE TOUJOURS FLEURIE (*Maurandia semperflorens*). Plante grimpante atteignant généralement 2 mètres de hauteur ; de mars en septembre, grandes fleurs purpurines très nombreuses; semis en pépinière de juin en août, pour repiquer en pots sous châssis et mettre en place en fin avril, ou semis en mars sur couche, pour repiquer en pots sur couche et planter à demeure en mai ; on peut encore bouturer sur couche et sous châssis au printemps ou en automne. — MAURANDIE A FLEURS DE MUFLIER (*Maurandia antirrhiniflora*). Plante grimpante de 2 à 3 mètres de hauteur ; fleurs rosé violacé ; même culture. — MAURANDIE DE BARCLAY (*Maurandia barclayana*). Plante grimpante de 3 à 4 mètres de hauteur; grandes fleurs violet foncé ; même culture.

Mauve. — On cultive dans nos jardins plusieurs espèces de Mauve :
— Mauve musquée (*Malva moschata*). Plante vivace de 60 à 70 centimètres de hauteur ; de juin en août, fleurs roses ou blanches exhalant
une faible odeur de musc ; semis en mars-avril sur couche, pour mettre
en place en mai, ou semis en avril en pépinière pour planter à demeure
en mai. — Mauve d'Alger (*Malva mauritiana*). Plante annuelle, rameuse,
atteignant 1ᵐ,20 de hauteur ; fleurs rose violacé ; semis en avril-mai
en place ou en pépinière. — Mauve
frisée (*Malva crispa*). Plante annuelle
s'élevant à 2 mètres environ ; grandes
et belles feuilles ; petites fleurs blanches
insignifiantes, de juillet en septembre ;
semis en avril-mai, en pépinière ou en
place ; sol frais et léger. — Mauve
rouge (*Malva miniata*). Tiges rameuses de
50 à 60 centimètres ; de juin en octobre,
fleurs vermillon disposées en grappes ;
semis sur couche en mars-avril, pour
repiquer sur couche et mettre en place
en mai.

Mauve d'Alger.

Mélitte des bois (*Melittis melissophyl-
lum*). — Plante vivace de 20 à 30 centimètres ; de mai en juin, grandes fleurs
blanches tachées de pourpre sur la lèvre
inférieure ; semis d'avril en juillet, en pots, dans une terre sablonneuse ; repiquage en pépinière ; mise en place dès que les plants sont
assez forts ; on peut encore multiplier par éclats en automne ou au
printemps ; sol frais et léger à l'ombre.

Menthe. — Les Menthes sont cultivées pour leur odeur aromatique.
— Menthe poivrée (*Mentha piperita*). Vivace ; multiplication par éclats
en automne ou au printemps ; terre fraîche et ombragée. — Menthe a
feuilles rondes panachées (*Mentha rotundifolia*). Vivace ; tiges rameuses
de 30 centimètres ; feuilles panachées de jaune clair ; petites fleurs
blanches nombreuses ; même culture.

Mésembrianthème. — V. Ficoïde.

Mignardise. — V. Œillet.

Millefeuille. — V. Achillée Millefeuille.

Millepertuis à grandes fleurs (*Hypericum calycinum*). — Plante vivace de 35 centimètres ; feuilles persistantes ; de juillet en septembre,

grandes fleurs d'un jaune doré ; division des touffes au printemps, ou semis en pépinière ou en pots soit à l'époque de la maturité des graines, soit en avril-mai ; on repique en pépinière ; la mise en place se fait en automne ou au printemps ; bonne exposition.

Mimule. — La plupart des espèces sont remarquables par la grandeur et le coloris de leurs fleurs. — MIMULE PONCTUÉ (*Mimulus luteus*). Vivace ; hauteur, 30 à 40 centimètres ; de mai en août, grandes fleurs jaunes ponctuées de rouge ; semis en mars-avril sur couche pour mettre en place en mai, ou en août-septembre en pépinière pour repiquer en pots, hiverner sous châssis et mettre en place en fin avril ; on peut aussi multiplier cette espèce au commencement de l'automne ou du printemps par éclats de pied, drageons ou boutures ; terre fraîche et légère à bonne exposition ; arrosements fréquents en été. — MIMULE ÉCARLATE (*Mimulus cardinalis*). Plante vivace de 30 à 60 centimètres de hauteur ; fleurs d'un rouge pourpre

Mimule cuivré hybride.

ou orange suivant la variété ; reproduction par semis, comme nous l'avons indiqué précédemment, ou par boutures qu'on fait à la fin de l'été en pots, sous châssis ou sous cloche. — MIMULE CUIVRÉ (*Mimulus cupreus*). Plante de 20 à 30 centimètres de hauteur donnant de mai en juillet de grandes fleurs d'un jaune rougeâtre cuivré ; cette espèce a fourni un certain nombre de variétés hybrides très différentes par la couleur des fleurs ; même culture que le Mimule ponctué. — MIMULE MUSQUÉ (*Mimulus moschatus*). Plante vivace de 10 à 15 centimètres ; de mai en octobre, petites fleurs jaune pâle exhalant une odeur de musc ; semis en mars-avril sur couche, en mai-juin en place ou en août-septembre en pépinière à bonne exposition ; couverture de feuilles sèches en hiver ; terre sableuse et fraîche.

Molène purpurine (*Verbascum phœniceum*).— Plante vivace de 50 centimètres à 1 mètre ; de mai en août, fleurs purpurines en longues grappes ; semis d'avril en juillet en pépinière, pour repiquer en pépinière et mettre en place en automne ou au printemps.

Monarde. — Les Monardes sont vivaces et odoriférantes. — MONARDE ÉCARLATE (*Monarda didyma*). Hauteur, 60 à 80 centimètres ; en juin-juillet, nombreuses fleurs rouge ponceau ; multiplication par éclats ou drageons en automne ou au printemps, ou encore par semis d'avril en juin en pépinière, pour repiquer en pépinière et mettre en place en automne ou au printemps ; sol frais et argileux situé à demi-ombre — MONARDE FISTULEUSE (*Monarda fistulosa*). Hauteur, 50 à 80 centimètres ; de juin en août, fleurs d'un rose pourpre ; même culture.

Monnaie du pape. — V. Lunaire.

Monolopia de Californie (*Monolopia californica*). — Plante annuelle de 30 à 40 centimètres ; de juillet en septembre, fleurs jaunes ; semis en place en avril-mai.

Morée de la Chine (*Moræa sinensis*). — Plante vivace ressemblant assez à l'Iris, de 50 centimètres de hauteur ; en juillet-août, fleurs jaunes tachées de pourpre ; multiplication par division des pieds au printemps ou par semis en pots d'avril en juillet, pour hiverner sous châssis et mettre en place au printemps ; sol argileux et frais.

Morine à longues feuilles (*Morina longifolia*). — Plante vivace de 50 à 60 centimètres ; de juillet en septembre, fleurs roses ; semis dès la maturité des graines, ou d'avril en juin en pépinière ou en pots ; on hiverne sous châssis ; au printemps, on enterre les pots en pépinière ; on ne met en place que la seconde année ; sol frais et sableux.

MUFLIER GRAND VARIÉ

Muflier à grandes fleurs (*Antirrhinum majus*). — Plante bisannuelle ou vivace de 50 à 80 centimètres de hauteur ; de mai en août, fleurs en épi de couleurs très variables ; il existe de nombreuses variétés de cette plante ; on distingue les grandes variétés, les variétés demi-naines et les variétés naines ; semis en pépinière à bonne exposition en mars-avril, pour repiquer en place dès que les sujets ont acquis une force suffisante, ou semis en août, soit en pépinière soit en place ;

on peut encore bouturer au printemps ou en été; sol léger et sablonneux.

Muguet de mai (*Convallaria majalis*). — Plante vivace de 10 centimètres; en avril-mai, petites fleurs blanches odorantes, simples ou doubles, en grappes; multiplication par division des racines en automne ou au printemps, ou par semis en pots et à l'ombre soit à l'époque de la maturité des graines, soit d'avril en juin.

Muguet des bois. — V. Aspérule odorante.

Muscari. — Plante vivace dont on cultive surtout deux espèces : — Muscari odorant (*Muscari moschatum*). Hauteur 20 à 25 centimètres; en mars-avril, fleurs jaune verdâtre d'une odeur agréable; séparation des caïeux tous les trois ou quatre ans, de juillet en septembre. — Muscari monstrueux (*Muscari comosum*). Hauteur, 30 à 40 centimètres; en mai-juin, grosses grappes formées de fleurs réduites à des filaments de couleur bleue; même culture.

Myosotis. — Les Myosotis sont de jolies petites plantes très répandues, grâce à la beauté de leurs fleurs. — Myosotis des marais ou Ne-m'oubliez-pas (*Myosotis palustris*). Vivace; hauteur, 20 à 25 centimètres; d'avril en août, nombreuses fleurs bleu céleste ayant une tache jaune au centre; semis d'avril en juin, en pépinière et à l'ombre, ou en août-septembre en pépinière ou en place; on peut encore au printemps ou en automne diviser les touffes ou bouturer les rameaux. — Myosotis des Alpes (*Myosotis alpestris*). Plante vivace, touffue, de 20 à 35 centimètres de haut; d'avril en juin, fleurs bleu clair; variétés à fleurs diversement colorées; variété elegantissima; semis en pépinière à mi-ombre, de juin en septembre; repiquage en pépinière; mise en place en octobre-novembre; espèce précieuse pour la garniture printanière des parterres.

Myrte commun (*Myrtus communis*). — Arbrisseau à feuilles persis-

MYOSOTIS
DES ALPES BLEU

tantes et aromatiques; en été, fleurs blanches odorantes; multiplication par semis, boutures sous châssis et marcottes; exposition du midi, serre froide ou orangerie pendant l'hiver sous le climat de Paris.

N

Narcisse. — On en cultive un grand nombre d'espèces remarquables. — (NARCISSE DES POÈTES (*Narcissus poeticus*). Hampe de 30 à 35 centimètres ne portant généralement qu'une seule fleur; en mai, fleur blanche odorante, présentant au centre une couronne jaune orangé bordée d'une ligne pourpre; variété à fleurs doubles; multiplication par séparation des caïeux de juillet en novembre, tous les deux ou trois ans, ou par semis de graines à l'époque de la maturité, mais, par ce dernier moyen, on n'obtient des fleurs qu'au bout de quatre ou cinq années (V. culture de la Jacinthe). — NARCISSE A BOUQUET OU DE CONSTANTINOPLE (*Narcissus Tazetta*). Hampe de 30 à 40 centimètres de hauteur terminée par un bouquet de fleurs odorantes d'un blanc jaunâtre; plusieurs variétés à fleurs blanches ou jaunes, simples ou pleines; cette espèce étant assez délicate ne peut guère être cultivée en pleine terre que dans le midi de la France; elle est d'un bel effet dans les appartements cultivée de la même manière que la Jacinthe.— NARCISSE FAUX NARCISSE (*Narcissus pseudo-Narcissus*). Hampe de 20 à 25 centimètres; en mars-avril belles fleurs jaunes, simples ou doubles; même culture que le Narcisse des poètes. — NARCISSE INCOMPARABLE (*Narcissus incomparabilis*). Hampe de 30 à 40 centimètres de hauteur, terminée par une fleur odorante d'un blanc jaunâtre, à couronne jaune foncé; variété à fleurs doubles; culture du Narcisse des poètes. — NARCISSE ODORANT OU GRANDE JONQUILLE (*Narcissus odorus*). D'avril en mai, grandes fleurs jaunes odorantes; variété à fleurs doubles; même culture que le Narcisse des poètes. — NARCISSE JONQUILLE (*Narcissus Jonquilla*). Hampe de 30 à 35 centimètres terminée, en avril, par des

Narcisse des poètes.

fleurs odorantes d'un jaune doré, au nombre de deux à cinq; variété à fleurs doubles; culture du Narcisse des poètes.

Némésie floribonde (*Nemesia floribunda*). — Plante annuelle, rameuse, de 30 à 40 centimètres de hauteur; nombreuses petites fleurs en grappes blanches à l'intérieur, violacées en dessus; semis en avril-mai sur place, ou en septembre en pépinière pour repiquer sous châssis, repiquer encore au printemps en pépinière, et mettre en place en avril.

Ne-me-touchez-pas. — V. Balsamine et Sensitive.

Némophile. — Les Némophiles sont très florifères et forment de fort jolies touffes. — NÉMOPHILE REMARQUABLE (*Nemophila insignis*). Plante annuelle de 15 à 20 centimètres; fleurs bleu de ciel à centre blanc; variété à fleurs blanches, variété à fleurs bleues bordées de blanc, variété à fleurs blanches panachées; semis de mars en juin sur place ou en septembre-octobre en pépinière pour repiquer en pépinière à bonne exposition, et mettre en place en mars-avril; couverture de feuilles sèches ou de paille en hiver. — NÉMOPHILE PONCTUÉE (*Nemophila atomaria*). Annuelle; hauteur, 20 centimètres environ; fleurs blanches finement pointillées de noir; variété à œil pourpre; même culture que l'espèce précédente. — NÉMOPHILE A DISQUE NOIR (*Nemophila discoidalis*). Annuelle; fleurs d'un

Némophile à disque noir.

pourpre foncé bordées de blanc; même culture. — NÉMOPHILE MACULÉE (*Nemophila maculata*). Plante annuelle de 15 à 20 centimètres de hauteur; fleurs blanches relativement grandes, portant une tache violet foncé sur chacune de leurs divisions; même culture que les espèces précédentes.

Ne-m'oubliez-pas. — V. Myosotis.

Nierembergie. — On cultive spécialement deux espèces : — NIEREMBERGIE GRACIEUSE (*Nierembergia gracilis*). Plante annuelle, touffue, de 30 à 35 centimètres de hauteur; fleurs lilas clair, avec une tache plus foncée au centre entourée de blanc jaunâtre; semis sur couche, en mars; repiquage sur couche; mise en place en fin mai. — NIEREMBERGIE FRUTESCENTE (*Nierembergia frutescens*). Vivace; à partir de mai jusqu'en automne, fleurs un peu plus grandes que celles de l'espèce précédente et de même couleur; semis en mars sur couche.

Nigelle. — Les Nigelles sont de très jolies plantes annuelles, croissant dans presque tous les terrains. — NIGELLE DE DAMAS (*Nigella damascena*). Tiges rameuses de 50 centimètres de hauteur; de juin en septembre, nombreuses fleurs bleues ou blanches; variété à fleurs doubles; semis en place de mars en mai. — NIGELLE D'ESPAGNE (*Nigella hispanica*). Tiges rameuses de 50 à 60 centimètres; fleurs bleu lilas, pourpres ou blanches; même culture.

Nivéole. — Les Nivéoles sont des plantes bulbeuses; on en cultive généralement deux espèces : — NIVÉOLE DU PRINTEMPS (*Leucoium vernum*). Hampe de 10 à 20 centimètres, terminée en février-mars par une seule fleur blanche marquée d'une tache verte à l'extrémité de chacune des divisions; arracher les bulbes en juillet tous les deux ou trois ans pour en détacher les caïeux, qu'on replante en septembre-octobre; sol léger à une exposition ombragée. — NIVÉOLE D'ÉTÉ (*Leucoium æstivum*). Hampe de 30 à 40 centimètres, terminée en mai-juin par plusieurs fleurs blanches avec une tache verte à l'extrémité des divisions; multiplication par séparation des caïeux; les bulbes sont plantées à 10 ou 12 centimètres de profondeur; terre fraîche, à bonne exposition.

OEILLET
MARGUERITE.

Nolane à feuilles d'Arroche (*Nolana atriplicifolia*). — Plante annuelle à tige rameuse; de juin à septembre, grandes fleurs bleues blanches au centre; variété à grandes fleurs blanches; semis en avril-mai en pépinière ou mieux en place; sol frais et léger exposé au soleil.

Nyctérinie à feuilles de Sélagine (*Nycterinia selaginoides*). — Plante annuelle touffue de 10 à 15 centimètres; petites fleurs roses odorantes; semis en mars-avril sur couche pour repiquer sur couche et mettre en place en mai, ou semis en septembre en pépinière ou en pots, pour hiverner sous châssis, repiquer en mars, et mettre en place en avril.

O

Œil-de-Christ. — V. Aster Œil-de-Christ.

Œillet. — Les Œillets sont très répandus dans nos jardins où ils se font remarquer par le parfum, la fraîcheur, la délicatesse et la variété de coloris de leurs fleurs. On en distingue plusieurs espèces qui ont produit un nombre considérable de variétés. — ŒILLET DES FLEURISTES (*Dianthus caryophyllus*). Plante vivace pouvant atteindre de 50 à 60 centimètres de hauteur; en juillet-août, fleurs odorantes simples, semi-doubles ou doubles, de teintes variables. On a groupé les Œillets des fleuristes en plusieurs sections : 1° les Œillets grenadins ou à ratafia comprenant des variétés dont les fleurs

ŒILLET
MIGNARDISE REMONTANT CYCLOPE.

sont généralement unicolores, roses ou rouges, et le plus souvent simples; il entre cependant dans cette catégorie quelques variétés à fleurs doubles, telles que l'Œillet Marguerite, l'Œillet double nain hâtif; 2° les Œillets dits de fantaisie, renfermant des races généralement très doubles, de teintes variées; 3° les Œillets flamands ou Œillets d'amateur, où sont groupées des variétés doubles des plus méritantes; 4° les Œillets remontants ou à floraison perpétuelle, ainsi nommés à cause de la longue durée de leur floraison. Quelques variétés ligneuses d'Œillet des fleuristes peuvent être multipliées par la greffe en fente pratiquée en avril-mai au-dessus d'un nœud du sujet qu'on a soin de tenir ensuite sous cloche jusqu'après la reprise; mais on a rarement recours à ce procédé; on emploie plus souvent le bouturage qui s'effectue soit en pleine terre, dans un sol léger et sablonneux, à une exposition demi-ombragée, soit en pots et sous cloche, soit enfin sur couche, en juin-juillet de préférence. Dans

tous les cas, les rameaux encore tendres destinés à être placés en terre
doivent être coupés à l'endroit d'un nœud ; il est bon, pour faciliter la
reprise, de fendre longitudinalement la base de la bouture, sur 1 centimètre environ de longueur, et de la maintenir ouverte à l'aide d'un petit
morceau de bois. Le marcottage est plus fréquemment employé que la
greffe et le bouturage; on le fait par incision, comme nous l'avons
expliqué page 26. Enfin le semis est de tous les modes de multiplication le plus usité pour l'Œillet des fleuristes ; on l'exécute en avril-mai,
en pépinière, à bonne exposition; on repique en pépinière; la mise en
place a lieu en mars de l'année suivante. On peut cultiver l'Œillet des
fleuristes en pots, dans une terre douce et légère, mélangée à un peu de
terreau. — ŒILLET MIGNARDISE (*Dianthus plumarius*). Plante vivace à
tiges rameuses de 20 à 30 centimètres de hauteur; en mai-juin, nombreuses fleurs odorantes, blanches, roses ou rouges, simples ou doubles;
citons, parmi les plus belles variétés, l'Œillet Mignardise d'Écosse et
l'Œillet Mignardise remontant Cyclope ; l'Œillet Mignardise peut se multiplier par division des touffes en automne ou au printemps, par boutures faites en juin sous cloche à une exposition demi-ombragée et, ce
qui se fait plus rarement, par semis, comme nous l'avons indiqué pour
l'espèce précédente. — ŒILLET DE POÈTE (*Dianthus barbatus*). Plante
trisannuelle, touffue, de 30 à 40 centimètres de hauteur; en juin-juillet,
nombreuses petites fleurs groupées au sommet des rameaux, blanches,
roses, rouges ou violettes, souvent panachées, simples ou doubles;
multiplication par semis en mai-juin en pépinière, pour repiquer en
pépinière et mettre en place en septembre-octobre; on peut encore
reproduire cette espèce par éclats ou boutures, après la floraison. —
ŒILLET DE CHINE (*Dianthus sinensis*). — Plante bisannuelle cultivée
comme annuelle; hauteur, 35 centimètres ; de juillet en septembre,
nombreuses fleurs à l'extrémité des rameaux, de couleurs très variées,
simples ou doubles; multiplication par semis en avril sur couche, ou
en avril-mai en pépinière ou en place. — ŒILLET DE GARDNER (*Dianthus gardnerianus*). Plante vivace de 30 à 35 centimètres ; de juin en
octobre, fleurs odorantes variant du blanc rosé au rouge pourpre,
simples ou semi-doubles; semis en avril sur couche pour repiquer
en pépinière et mettre en place en fin mai, ou semis en avril en
pépinière pour repiquer en pépinière et mettre en place en mai-juin,
ou encore en août-septembre en pépinière pour repiquer en pépinière et mettre en place en mars-avril. — ŒILLET FLON (*Dianthus
semperflorens*). Plante vivace à tiges rameuses de 35 à 40 centimètres;
pendant l'été, nombreuses fleurs odorantes semi-doubles de couleur
variable; division des touffes ou drageons en automne ou au printemps; ou boutures en mai-juin. — ŒILLET DELTOÏDE (*Dianthus deltoides*).

Plante vivace de 20 à 25 centimètres; de juin en août, fleurs pourpres; séparation des touffes en automne ou au printemps. — ŒILLET SUPERBE (*Dianthus superbus*). Vivace; hauteur, 40 à 50 centimètres; en juin-juillet, fleurs odorantes de couleurs variables; semis en avril sur couche ou d'avril en août en pépinière, pour repiquer en pépinière et mettre en place en automne ou au printemps; sol frais et léger.

Œillet d'Inde. — V. Tagète.

Omphalodes. — V. Cynoglosse.

Opontia vulgaire (*Opuntia vulgaris*). — Plante herbacée à rameaux articulés, rustique sous le climat de Paris; de juin en septembre, fleurs jaune pâle; bouturage des ramifications qu'on plante après les avoir laissées se cicatriser et se flétrir pendant quelques jours.

Orchidées. — Plusieurs espèces de ces plantes croissent spontanément dans les prairies et les bois; elles sont remarquables par la beauté et la forme bizarre de leurs fleurs; pour les avoir dans les jardins, il faut, lorsque les feuilles sont desséchées, enlever les tubercules en motte et les transplanter dans un sol autant que possible analogue à celui où elles se trouvaient auparavant, c'est-à-dire composé de terre de bruyère mélangée à du terreau de feuilles et de la terre franche; en hiver, on abrite sous châssis.

Oreille-d'Ours. — V. Primevère Auricule.

Ornithogale. — Les Ornithogales sont des plantes bulbeuses; plusieurs espèces sont assez cultivées. — ORNITHOGALE EN OMBELLE OU DAME D'ONZE HEURES (*Ornithogalum umbellatum*). Hampe de 20 à 30 centimètres; en mai-juin, fleurs blanches odorantes, s'épanouissant à onze heures, lorsqu'il y a du soleil, pour se refermer à trois; on la multiplie en automne par la séparation de ses caïeux; elle se cultive d'ailleurs comme la Jacinthe. — ORNITHOGALE PYRAMIDALE (*Ornithogalum pyramidale*). Hampe de 50 à 60 centimètres; en juin-juillet, fleurs blanches en grappes; exposition ombragée; même culture.

Orobe printanier (*Orobus vernus*). — Plante vivace touffue de 20 à 25 centimètres; en avril-mai, fleurs violettes; variétés à fleurs doubles et à fleurs blanches; semis en pépinière d'avril en juin, pour repiquer en pépinière et mettre en place en automne ou au printemps, ou division des touffes en automne; sol frais et meuble, à demi-ombre.

Oxalide. — Les Oxalides sont de jolies plantes dont les espèces sont assez nombreuses. — OXALIDE A FLEURS ROSES (*Oxalis rosea*). Annuelle;

tiges rameuses de 20 à 25 centimètres ; en été, petites fleurs roses en grappes ; semis en place d'avril en juin, ou en septembre en pépinière pour repiquer en pots, hiverner sous châssis et mettre en place en avril-mai. — OXALIDE FLORIFÈRE (*Oxalis floribunda*). Plante vivace touffue ; de mai en juillet, fleurs roses groupées en ombelle ; variété à fleurs blanches ; même culture. — OXALIDE DE DEPPE (*Oxalis Deppei*). Plante vivace de 25 à 30 centimètres ; de mai en août, fleurs rouges ; séparation des bulbes qu'on arrache en automne pour les replanter en avril ; couverture de litière en hiver ; terre légère sablonneuse.

P

Pæonia. — V. Pivoine.

Papaver. — V. Pavot.

Pâquerette vivace (*Bellis perennis*). — Petite plante ne dépassant guère 10 centimètres de hauteur ; de mars en juin, jolies fleurs doubles dans nos variétés cultivées ; variétés à fleurs doubles blanches, à fleurs doubles blanches à cœur rouge, à fleurs doubles tuyautées, à feuilles panachées, à fleurs prolifères ; semis en pépinière en juillet-août ; repiquage en pépinière ; mise en place en automne ou au printemps ; on peut encore diviser les touffes.

Passe-rose. — V. Rose trémière.

Passiflore Fleur de la Passion (*Passiflora cærulea*). — Belle plante grimpante pouvant atteindre de 4 à 5 mètres de hauteur ; fleurs bleues ; semis sur couche tiède en mars ; repiquage sur couche ; mise en place en fin mai dans un sol à bonne exposition ; peu rustique sous le climat de Paris ; couverture de litière en hiver.

Pavot. — Genre dont on cultive depuis très longtemps de nombreuses espèces. — PAVOT SOMNIFÈRE (*Papaver somniferum*). Belle plante annuelle de 80 centimètres à 1 mètre de hauteur ; fleurs de nuances variées simples ou doubles ; semis en place de février en avril ou en fin septembre. — PAVOT COQUELICOT (*Papaver Rhœas*). Annuel ; hauteur, 50 à 60 centimètres ; fleurs simples ou doubles dont la couleur varie du blanc au pourpre ; semis en place en avril-mai ou en fin septembre. — PAVOT MACULÉ (*Papaver umbrosum*). Plante annuelle à tige rameuse ; fleurs pourpres tachées de noir, simples ou doubles ; même culture que l'espèce précédente.—Pavot tulipe (*Papaver glaucum*). Plante annuelle, rameuse, de 40 à 50 centimètres; fleurs d'un rouge écarlate; même culture. — Pavot de Tournefort (*Papaver orientale*). Plante vivace atteignant jusqu'à 1ᵐ,30 de hauteur; en juin, grandes fleurs d'un rouge orangé; semis en mai-juin en pépinière, pour repiquer en pépinière et mettre en place au printemps ou en automne. — Pavot a bractées (*Papaver bractea-tum*). Vivace; hauteur, 1 mètre à 1ᵐ,40; grandes fleurs pourpres en mai-juin; même culture que l'espèce précédente. — Pavot cambrique (*Papaver cambricum*). Plante vivace de 30 à 40 centimètres; de mai en juillet, grandes fleurs jaune soufre; semis en place en avril, ou de mai en juillet en pépinière pour planter à demeure au printemps suivant, ou encore semis en juin-juillet directement en place.

Pavot maculé.

Pélargonium. — On confond souvent le Pélargonium avec le Géranium dont il se distingue cependant nettement par les caractères botaniques. Il en existe un grand nombre d'espèces. — Pélargonium a feuilles zonées (*Pelargonium zonale*). Plante touffue de 40 à 60 centimètres de hauteur; fleurs réunies en groupes de 15 à 40 dont la couleur varie depuis le blanc pur jusqu'au carmin foncé; nombreuses variétés; cette plante se multiplie par boutures, qu'on fait en août-septembre dans un terre fraîche, légère, mélangée à du terreau; après avoir été plantés, les jeunes rameaux ne sont pas arrosés; on les abrite au moyen de châssis et on les préserve du soleil; on rempote dans de petits pots un mois environ après cette opération, puis, en octobre, on rentre ces pots dans une serre ou dans l'appartement; on pince les rameaux; on arrose modérément en hiver; en mars on rempote dans des pots un peu plus grands qu'on enfonce dans une couche tiède et qu'on recouvre de

châssis, puis on pratique un nouveau pincement; on donne de l'air progressivement; lorsque la température est assez douce on retire les châssis; on met en place vers le 15 mai sans briser la motte; on arrose abondamment et l'on couvre le sol d'un paillis. Ce Pélargonium peut encore se reproduire par semis qui se fait en septembre en pots remplis de terre de bruyère mélangée de terreau et sous châssis; on ombre jusqu'à ce que la germination se soit effectuée et l'on ne commence à aérer fréquemment que lorsque les sujets ont produit deux ou trois feuilles; on empote dans de petits pots lorsqu'ils en ont quatre ou cinq, puis on place sous châssis et on ombre jusqu'à ce que la reprise soit assurée; on procède ensuite comme pour les boutures. — PÉLARGONIUM ÉCARLATE (*Pelargonium inquinans*). Plante pouvant atteindre jusqu'à 1 mètre de hauteur; fleurs rouge

Pélargoniums zonale et inquinans hybrides.

vif; nombreuses variétés; même culture. Cette espèce a produit avec la précédente plusieurs hybrides remarquables qui se cultivent de la même façon. — PÉLARGORNIUM A FEUILLES DE LIERRE (*Pelargonium lateripes*). Plante à tiges rameuses, étalées, atteignant une longueur de 1 mètre; grandes fleurs rose pâle dont les deux pétales supérieurs sont tachés de carmin; cette plante s'emploie souvent pour orner les suspensions dans les appartements; même culture que les espèces précédentes.

Pensée à grandes fleurs, race Trimardeau.

Pensée ou **Violette Pensée** (*Viola tricolor*). — Plante annuelle, bisannuelle, parfois vivace; hauteur, 20 à 25 centimètres; fleurs de couleurs très variables; variétés unicolores, multicolores, striées ou panachées; multiplication par semis en place ou en pépinière en mars-avril, ou de juillet en octobre en pépinière, pour repiquer en pépinière, mettre en place en automne ou au printemps, ou encore semis en place en septembre ; on conserve les variétés par division des touffes ou par bouturage au printemps ; sol frais fumé de terreau.

Pentstémon. — Les Pentstémons sont des plantes très ornementales ; on en cultive plusieurs espèces : — PENTSTÉMON DE HARTWEG (*Pentastemum Hartwegi*). Annuel en pleine terre ; hauteur, 50 à 60 centimètres ; fleurs d'un rouge foncé ; variété à fleurs bleues ; multiplication par boutures de juin en août, qu'on hiverne sous châssis et qu'on met en place au printemps. — PENTSTÉMON HYBRIDE A GRANDES FLEURS (*Pentastemum Hartwegi grandiflorus*). On désigne sous ce nom un grand nombre de variétés différentes obtenues par le croisement de variétés de l'espèce précédente ; on peut les multiplier par boutures, ou par semis qu'on pratique soit en mars sur couche, pour repiquer sur couche et mettre en place en mai, soit en juillet-août en pépinière pour repiquer en pots, hiverner sous châssis et planter à demeure en fin avril. — PENTSTÉMON PUBESCENT (*Pentastemum pubescens*). Plante vivace à fleurs bleues ou violacées ; semis d'avril en juin en pépinière, pour repiquer en pépinière et mettre en place au printemps, ou éclats en février-mars. — PENTSTÉMON A FLEURS DE DIGITALE (*Pentastemum digitalis*). Plante vivace de 60 à 80 centimètres de hauteur ; de juin en août, fleurs d'un blanc violacé ; même culture que l'espèce précédente.

Perce-neige. — V. Galantine perce-neige et Nivéole de printemps.

Persicaire. — Deux espèces se rencontrent surtout dans nos jardins : — PERSICAIRE DU LEVANT (*Polygonum orientale*). Annuelle ; hauteur, 1 à 2 mètres ; nombreuses fleurs roses ou rouges ; variétés à fleurs blanches, à feuilles panachées ; semis en avril en place, ou en pépinière, pour repiquer à demeure en mai. — PERSICAIRE A FEUILLE POINTUE (*Polygonum cuspidatum*). Plante vivace de 1 à 2 mètres ; nombreuses fleurs blanches ; division des touffes en automne ou au printemps.

Pervenche. — Les Pervenches sont des plantes des plus méritantes au point de vue de l'ornementation. — PERVENCHE GRANDE (*Vinca major*). Tiges nombreuses dont les unes sont volubiles, les autres dressées ; de mars en juin, fleurs bleu clair ; variété à fleurs blanches ; variété à -

Pervenche petite.

PETUNIA
HYBRIDE A GRANDE FLEUR PANACHÉE.

feuilles panachées; division des touffes en automne ou au printemps; terrain frais et ombragé.— PERVENCHE PETITE (*Vinca minor*). Plante vivace de taille inférieure à la précédente; fleurs simples ou doubles, blanches, bleues, violettes, rouges ou pourpres; même culture. — PERVENCHE DE MADAGASCAR (*Vinca rosea*). Plante rameuse, annuelle en pleine terre, de 30 centimètres de hauteur; de juillet en octobre, fleurs roses, pourpres au centre; variété à fleurs blanches; semis sur couche et sous châssis de mars en avril; terrain sec à bonne exposition.

Pétunia. — Les Pétunias se plaisent dans un sol léger fumé avec du terreau. — PÉTUNIA ODORANT (*Petunia nyctaginiflora*). Plante à tiges rameuses de 40 à 60 centimètres de hauteur, annuelle en pleine terre; à partir de mai jusqu'aux gelées, grandes fleurs blanches odorantes; semis sur couche en mars-avril, ou en avril-mai en pépinière; reproduction par boutures au printemps avec des rameaux herbacés en pots et sur couche, à l'ombre; on empote après la reprise et l'on place de nouveau les pots sur couche jusqu'à ce que la température soit suffisamment douce pour qu'on puisse planter en pleine terre. — PÉTUNIA A FLEURS VIOLETTES (*Petunia violacea*). Annuel en pleine terre; hauteur, 50 à 60 centimètres; fleurs pourpres; même culture que l'espèce précédente. — PÉTUNIA HYBRIDE (*Petunia hybrida*). Les deux espèces dont nous venons de parler ont produit, par le croisement, de belles variétés hybrides dont il existe aujourd'hui un assez grand nombre; le coloris en est très variable; on les multiplie généralement par boutures, car le semis ne les reproduit pas toujours fidèlement.

Phacélie. — Les Phacélies sont annuelles et se sèment en place en avril-mai. — PHACÉLIE BIPINNATIFIDE (*Phacelia bipinnatifida*). Plante rameuse, de 30 à 35 centimètres de hauteur; de juillet en septembre, nombreuses petites fleurs bleues. — PHACÉLIE CAMPANULAIRE (*Phacelia* *campanularia*). Tige rameuse; de juin à septembre, fleurs bleu foncé portant cinq taches blanches.

Phalangère. — Les Phalangères se plaisent dans une terre légère, sablonneuse, fumée de terreau, située à bonne exposition. — Phalangère Fleur de Lis (*Phalangium liliago*). Hampe de 30 à 50 centimètres de hauteur; en juin-juillet, petites fleurs blanches en grappes; semis en pépinière d'avril en juillet, ou éclats. — Phalangère faux Lis (*Phalangium liliastrum*). Tige de 30 à 35 centimètres; en mai-juin, fleurs blanches tachées de vert à l'extrémité; reproduction par éclats.

Phalaride rubanée. — (*Phalaris arundinacea*). Plante vivace, rustique, dont les chaumes peuvent atteindre de 80 centimètres à 1ᵐ,50; feuilles longues et étroites; drageons ou éclats en automne ou au printemps

Phaseolus. — V. Haricot d'Espagne.

Philadelphus. — V. Seringat.

Phlomide. — On en cultive surtout deux espèces : Phlomide tubéreuse (*Phlomis tuberosa*). Vivace; hauteur, 1ᵐ,20 à 1ᵐ,30; fleurs violettes en juin-juillet; multiplication par division des tubercules tous les trois ans, ou encore par semis qu'on pratique en pots; terre légère, au soleil. — Phlomide frutescente (*Phlomis fruticosa*). Arbrisseau s'élevant à 1ᵐ,50 de hauteur; grandes fleurs jaunes en juillet; semis au printemps ou boutures en mai; terre franche située à bonne exposition.

Phlox. — Les Phlox sont de belles plantes très recherchées, dont on cultive aujourd'hui un grand nombre d'espèces et de variétés. — Phlox de Drummond (*Phlox Drummondi*). Annuel; tige rameuse s'élevant à 35 ou 40 centimètres; nombreuses variétés dont les fleurs varient du blanc rosé au rouge et au violet; multiplication par semis, qu'on pratique soit en mars-avril sur couche pour repiquer lorsque les plants sont assez vigoureux, soit en

PHLOX
DE DRUMMOND NAIN VARIÉ

avril-mai sur place, soit en septembre en pépinière ; dans ce dernier cas, on repique en pépinière, on hiverne sous châssis, on pince
les ramifications, on repique de nouveau en mars et l'on plante à
demeure en avril ; on peut encore reproduire cette espèce par boutures en pots sur couche et sous châssis en automne, avec de
jeunes rameaux ; on rempote après la reprise et on hiverne sous
châssis ; terrain léger. — PHLOX SUBULÉ (*Phlox subulata*). Plante
vivace à tiges rameuses couchées ; en avril-mai, fleurs nombreuses
pourprées, plus foncées au centre ; multiplication par division des
touffes au printemps ou en automne pour hiverner sous châssis, sol
frais et léger. — PHLOX SÉTACÉ (*Phlox setacea*). Plante vivace, rameuse,
de 10 à 15 centimètres de hauteur ; en avril-mai, nombreuses fleurs
roses, pourpres au centre ; variété à fleurs blanches ; division des touffes
en automne ou au printemps ; sol léger à une exposition demi-ombragée.
— PHLOX PYRAMIDAL (*Phlox maculata*). Vivace ; hauteur, 1 mètre à 1^m,20 ;
de juillet en septembre, fleurs odorantes d'un lilas pourpré, en grappes
pyramidales ; multiplication par division des pieds, qu'on peut faire
chaque année en automne ou au printemps ; on peut planter à demeuré
immédiatement, ou planter en pépinière pour repiquer en place aux
approches de la floraison ; on emploie fréquemment aussi le bouturage
pour multiplier cette espèce ; on le fait de préférence au printemps
avec de jeunes rameaux qu'on plante dans une terre légère et qu'on recouvre de châssis jusqu'à la reprise ; on peut enfin reproduire par semis
en octobre-novembre en pépinière ; on abrite par des châssis en hiver ;
les graines germent au printemps suivant ; on pince souvent les rameaux pour faire ramifier. — PHLOX PANICULÉ (*Phlox paniculata*). Plante
vivace dont les tiges peuvent atteindre 1 mètre de hauteur ; de juillet
en septembre, fleurs odorantes roses ou rouges ; même culture que
l'espèce précédente. — PHLOX ACUMINÉ (*Phlox acuminata*). Vivace ;
hauteur, 80 centimètres à 1 mètre ; fleurs roses en septembre-octobre ;
même culture. — PHLOX VIVACES HYBRIDES (*Phlox hybridæ*). Obtenus par
le croisement entre elles des trois espèces précédentes ; belles fleurs dont
les nuances varient du blanc au rouge et au violet ; même culture. —
PHLOX A FEUILLES OVALES (*Phlox ovata*). Plante vivace de 30 centimètres ;
en juillet-août, grandes fleurs roses ; même culture — PHLOX PRIN-
TANIER (*Phlox verna*). Vivace ; hauteur, 10 à 15 centimètres ; d'avril en
juin, fleurs roses, plus foncées au centre ; division des touffes en automne ou de préférence au printemps ; terrain léger à demi-ombre.

Physostégie de Virginie. — V. Drococéphale de Virginie.

Pied-d'alouette. — Plusieurs espèces de ce genre se trouvent dans la
plupart des jardins. — PIED-D'ALOUETTE DES JARDINS (*Delphinium Ajacis*).

Plante annuelle dont la taille peut varier entre 50 centimètres et 1 mètre; nombreuses fleurs en grappes, bleues, violettes, rouges ou roses, simples ou doubles; il existe des variétés grandes et des variétés naines; semis sur place en mars-avril ou en septembre-octobre. — Pied-d'alouette des blés a fleurs doubles (*Delphinium consolida*). Plante annuelle de 60 centimètres à 1 mètre de hauteur; fleurs grandes en grappes dont la couleur varie du blanc au rouge et au violet; variété panachée tricolore; semis en place de février en avril et de septembre en novembre. — Pied-d'alouette élevé (*Delphinium elatum*). Plante vivace atteignant parfois jusqu'à 2 mètres de hauteur; de mai en août, fleurs bleues, simples ou doubles; semis d'avril en juillet en pépinière, pour repiquer en pépinière et planter à demeure au printemps, ou encore division des touffes en automne ou au printemps. — Pied-d'alouette vivace hybride (*Delphinium hybridum*). Hauteur, 60 à 70 centimètres; de juin en octobre, fleurs simples ou doubles variant du bleu clair au violet foncé; multiplication par semis en mars-avril sur

Pied-d'alouette élevé hybride.

couche, ou en août-septembre en pépinière, ou par division des touffes. — Pied-d'alouette vivace a grandes fleurs (*Delphinium grandiflorum*). Tiges rameuses s'élevant à 50 ou 60 centimètres; de juin en août grandes fleurs simples ou doubles, blanches, violettes ou bleues; semis en avril-mai en pépinière ou division des touffes en automne ou mieux au printemps. — Pied-d'alouette azuré a fleurs pleines (*Delphinium azureum*). Plante vivace de 50 à 60 centimètres; en juin-juillet, petites fleurs d'un bleu azuré; division des pieds en automne ou de préférence au printemps.

Pivoine. — Ce genre comprend un grand nombre d'espèces, remarquables pour la plupart par le volume et l'éclat du coloris de leurs fleurs. — Pivoine en arbre (*Pæonia Moutan*). Plante buissonneuse de 1 mètre à 1 m,50 de hauteur; en avril, très grosses fleurs doubles ou semi-doubles de teintes variant du blanc au carmin; nombreuses variétés; multiplication par éclats, boutures, ou greffe en fente sur le tubercule de la Pivoine officinale; terre fraîche à toute exposition. —

PIVOINE OFFICINALE (*Pæonia officinalis*). Plante vivace à tiges herbacées, touffues, de 60 à 80 centimètres de hauteur; en avril-mai, grosses fleurs rouges dépassant 10 centimètres de diamètre; les variétés à fleurs doubles sont les plus recherchées; la nuance des fleurs peut varier depuis le blanc jusqu'au rouge pourpre; multiplication par éclats, en conservant au moins un bourgeon à chaque fragment, au printemps ou mieux en automne; lorsqu'on veut obtenir des variétés nouvelles on peut pratiquer le semis qui se fait en pépinière d'avril en septembre, mais ce procédé est très lent; terre saine et légère. — PIVOINE PARADOXALE (*Pæonia paradoxa*). Plante vivace de 60 à 80 centimètres; grandes fleurs rouge foncé; plusieurs variétés; même culture. — PIVOINE A PETITES FEUILLES (*Pæonia tenuifolia*). Vivace; hauteur, 40 à 50 centimètres; en avril-mai, fleurs simples, pourpres;

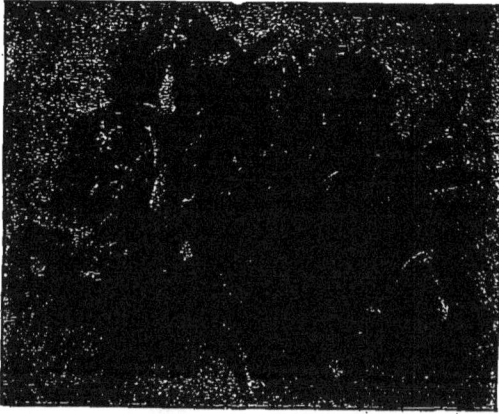

Pivoines.

même culture. — PIVOINE DE CHINE (*Pæonia sinensis*). Plante vivace de 80 centimètres à 1 mètre; en mai-juin, grosses fleurs doubles rose foncé, d'une odeur suave; nombreuses variétés à fleurs carmin, roses, blanches, etc.; même culture.

Platycodon. — V. Campanule.

Podolepis. — Les Podolepis sont des plantes élégantes se plaisant surtout dans un sol sec et léger. — PODOLEPIS A FLEURS CARNÉES (*Podolepis gracilis*). Plante annuelle, rameuse, s'élevant à 40 ou 50 centimètres; nombreuses fleurs à rayons blanc rosé et à disque violet, situées à l'extrémité des rameaux; semis 1° en avril sur couche pour repiquer sur couche et planter à demeure, 2° en mai ou en avril-mai en pépinière pour repiquer en pépinière et mettre en place en mai-juin, 3° en place en mai. — PODOLEPIS DORÉ (*Podolepis chrysantha*). Annuel; hauteur, 35 centimètres; fleurs jaune d'or; même culture. — PODO-

LEPIS A GRANDES FLEURS (*Podolepis affinis*). Annuel ; hauteur, 50 à 60 centimètres ; grandes fleurs jaune d'or ; même culture.

Pois de senteur, Pois vivace. — V. Gesse.

Polémoine bleue ou Valériane grecque (*Polemonium cæruleum*). — Plante vivace, touffue, de 50 à 60 centimètres de hauteur ; de mai en juillet, fleurs bleues ; variété à fleurs blanches, variété à grandes fleurs, variété bleue naine à grandes fleurs ; semis en pépinière d'avril en juillet, repiquage en pépinière; mise en place en automne ou au printemps.

Polygonum. — V. Persicaire.

Pommier du Japon. — V. Cognassier du Japon.

Populage ou Caltha des marais (*Caltha palustris*). — Plante vivace de 30 à 35 centimètres de hauteur ; d'avril en juin, fleurs simples ou doubles d'un beau jaune ; division des touffes en automne ou au printemps; terrain humide tel que le bord des eaux.

Porillon. — V. Narcisse faux Narcisse.

Potentille. — Les Potentilles sont vivaces et se plaisent dans un sol frais. — POTENTILLE COULEUR DE SANG (*Potentilla atrosanguinea*). Tiges rameuses de 50 à 60 centimètres; en juin-juillet, jolies fleurs rouge sang; variété hybride à grandes fleurs doubles; semis en avril-mai en pépinière à demi-ombre, ou division des pieds en automne ou au printemps. — POTENTILLE DU NÉPAUL (*Potentilla nepalensis*). Plante à tiges rameuses de 50 à 60 centimètres; de mai en juillet, fleurs rouges ; même culture. — POTENTILLE A GRANDES FLEURS (*Potentilla grandiflora*). Hauteur, 30 centimètres; en juin-juillet, fleurs jaunes; même culture. — POTENTILLE DORÉE (*Potentilla aurea*). Tiges de 10 à 12 centimètres; fleurs jaunes en juin-juillet; même culture.

Pourpier à grandes fleurs (*Portulaca grandiflora*). — Plante annuelle en pleine terre de 15 à 20 centimètres de hauteur; grandes fleurs pourprées; variétés à fleurs de couleurs diverses, simples ou doubles; semis sur place en avril-mai; terrain sec exposé au soleil.

Primevère. — Ce genre comprend un grand nombre d'espèces et de variétés dont quelques-unes sont cultivées dans presque tous les jardins. — PRIMEVÈRE DES JARDINS (*Primula variabilis*). Vivace; hampes de 10 à 15 centimètres de hauteur, portant de mars en mai un groupe de fleurs odorantes au nombre de huit à douze, dont le coloris varie suivant les variétés; multiplication par division des pieds tous les deux ou trois ans de juin en septembre, ou par semis d'avril en mai en

PRIMEVÈRE
DES JARDINS VARIÉE

pépinière, pour repiquer en pépinière et mettre en place en automne ou au printemps ; terre saine, plutôt fraîche que sèche, à une exposition demi-ombragée de préférence. — PRIMEVÈRE A GRANDES FLEURS (*Primula grandiflora*). Planté vivace; de février en mai, fleurs jaune clair tachées de jaune orangé ou de rouge; nombreuses variétés à fleurs simples ou doubles de nuances variables; même culture. — PRIMEVÈRE AURICULE (*Primula Auricula*). Plante vivace dont les hampes n'ont guère que 8 à 15 centimètres de hauteur; en avril-mai, jolies fleurs de couleurs diverses suivant les variétés. Les Primevères Auricules se classent en quatre catégories : 1° les pures, unicolores ; 2° les ombrées ou liégeoises, généralement de deux couleurs; 3° les anglaises; 4° les doubles. La multiplication peut se faire par semis qu'on exécute en pots ou en pépinière soit en mars, soit d'avril en juin, soit de décembre en février; on a aussi fréquemment recours, et cela surtout pour les variétés doubles, à la division des touffes, qu'on pratique en automne; terrain frais et léger; cette espèce est souvent cultivée en pots. — PRIMEVÈRE DU JAPON (*Primula japonica*). Vivace ; hauteur, 20 à 25 centimètres; d'avril en juillet, fleurs en groupes de six à vingt, de nuances différentes suivant les variétés; le meilleur mode de multiplication pour cette espèce est le semis, qu'on peut faire soit de janvier en mars en pépinière et sous châssis, avec des graines qui ont été stratifiées pendant l'hiver (c'est-à-dire disposées par couches dans de petits pots remplis de sable et maintenues humides), soit de juillet en décembre en pots, pour hiverner sous châssis et mettre en place au printemps. — PRIMEVÈRE A FEUILLES DE CORTUSE (*Primula cortusoides*). Plante vivace dont la hampe, de 20 à 25 centimètres de hauteur, est terminée d'avril en juin par de petites fleurs rose pourpre disposées en ombelle; plusieurs variétés; multiplication par division des touffes en automne ou par semis en pots en avril-mai ou en juin-juillet; terrain sablonneux frais et léger. — PRI-

MEVÈRE DE CHINE (*Primula sinensis*). Hampe de 20 à 30 centimètres de hauteur; fleurs roses jaunes au centre; nombreuses variétés à fleurs simples ou doubles de couleurs variables; variétés à fleurs frangées; cette plante fleurit pendant presque toute l'année; on la cultive en pleine terre, en serre et dans les appartements; semis de mai à juillet en pépinière ou en pots; les variétés doubles peuvent être multipliées par éclats ou boutures des vieux pieds conservés, ce qu'on fait en pots et sous châssis au commencement de l'automne; terre légère terreautée.

Pulmonaire de Virginie (*Pulmonaria virginica*). — Plante vivace de 25 à 30 centimètres de hauteur; de mars en mai, fleurs bleues; division des racines à la fin de l'été; terre fraîche et légère située à demi-ombre.

Pyrèthre. — On cultive plusieurs espèces de ce genre soit pour leurs feuilles, soit pour leurs fleurs. — PYRÈTHRE PARTHENIUM (*Pyrethrum Parthenium*). Plante vivace de 40 à 50 centimètres de hauteur; de juin en octobre, fleurs à rayons blancs et à disque jaune; semis d'avril en juillet en pépinière, ou éclats en automne ou au printemps; variété à feuillage doré qu'on multiplie par semis, éclats ou boutures. — PYRÈTHRE ROSE (*Pyrethrum roseum*). Plante vivace de 50 à 60 centimètres de hauteur; en mai, fleurs à rayons roses et à disque jaune; variétés à fleurs pleines; semis sur couche en mars; repiquage en place en avril-mai; on peut encore multiplier par éclats au printemps ou en automne.

Pyrèthre de l'Inde. — V. Chrysanthème de l'Inde.

R

Raquette. — V. Opontia.

Reine-Marguerite (*Callistephus sinensis*). — La Reine-Marguerite est une plante annuelle des plus remarquables, tant par la fraîcheur et la variété de coloris de ses fleurs que par la facilité de sa culture. Il en existe un nombre

REINE-MARGUERITE
COMÈTE VARIÉE

considérable de variétés, géantes, grandes ou pyramidales, demi-
naines, naines et très naines, dont les fleurs sont de formes et de
nuances variables; le jaune est la seule couleur qui n'ait pu être
obtenu jusqu'ici. La Reine-Marguerite se multiplie par semis en
mars sur couche et sous châssis, ou en avril-mai à l'air libre ou sous cloche; on repique les plants en pépinière quand ils ont produit quelques
feuilles; on pratique la mise en place lorsque la floraison est proche
soit en pleine terre, soit en pots, le matin ou le soir, ou dans la jour-
née par un temps couvert; après la plantation, on bassine immédiatement; une quinzaine plus tard, on
exécute un premier binage à la suite
duquel on couvre le sol d'un paillis.
C'est généralement de juillet en septembre que s'épanouissent les fleurs.

Renoncule. — Ce genre comprend
un grand nombre d'espèces; nous
nous bornerons à mentionner quelques-unes des plus répandues : —
RENONCULE DES JARDINS (*Ranunculus
hortensis*). Plante vivace dont la tige
s'élève à 20 ou 30 centimètres de hauteur; fleurs simples semi-doubles ou
doubles, unicolores ou panachées,
dont les nuances varient du blanc

Renoncule des jardins à fleurs doubles.

au rouge, au violet et au jaune; suivant les régions, la plantation des
griffes s'effectue à des époques différentes; sous le climat de Paris,
elle a généralement lieu en février-mars; on préfère souvent, pour
les planter, des griffes qui ont passé une année hors du sol et
qu'on recouvre de 5 à 8 centimètres de terre; les plantations faites
avant ou durant l'hiver seront couvertes de litière pendant les gelées;
au printemps, on arrosera de temps en temps jusqu'à ce que la floraison, qui a lieu généralement de mai en juillet, soit terminée; on en
prolongera la durée si l'on prend la précaution de couper les rameaux
qui ont fleuri. Lorsque les tiges sont desséchées, on arrache les griffes
avec soin et on les place quelque temps à l'air dans un endroit sec; on
sépare ensuite les griffes qu'on met dans du sable sec et fin où elles
resteront jusqu'à l'époque de la plantation. Lorsqu'on veut obtenir des
variétés nouvelles, on multiplie par semis, qu'on peut faire pendant
toute l'année en pots, qu'on hiverne sous châssis; par ce procédé, les
fleurs paraissent généralement la troisième année. L'exposition du

levant est la meilleure, un sol riche et frais est celui qui convient le mieux.— RENONCULE D'AFRIQUE (*Ranunculus africanus*). Fleurs doubles, assez grandes, de nuances diverses; plantation des griffes avant l'hiver, comme nous l'avons indiqué pour l'espèce précédente, ou reproduction par semis. — RENONCULE A FEUILLES D'ACONIT (*Ranunculus aconitifolius*). Plante vivace, rameuse, de 30 à 50 centimètres de hauteur; en mai-juin, nombreuses fleurs blanches assez grandes; variété à fleurs pleines ou Bouton-d'argent; semis d'avril en juillet, en pépinière à l'ombre ou en pots; repiquage en pépinière ou en pots; plantation à demeure au printemps; on peut encore reproduire par éclats au printemps; terre légère, sablonneuse, fraîche. — RENONCULE RAMPANTE A FLEURS PLEINES ou BOUTON-D'OR (*Ranunculus repens*). Plante vivace, rameuse, de 15 à 20 centimètres de hauteur; de mai en juillet, fleurs jaune d'or; éclats en automne ou au printemps; terrain humide, argileux. — RENONCULE ACRE A FLEURS PLEINES (*Ranunculus acris*). Plante vivace à tiges rameuses de 50 à 60 centimètres; de mai en juillet, fleurs jaunes; division des touffes en automne ou au printemps; terrain frais. — RENONCULE BUL-BEUSE A FLEURS PLEINES (*Ranunculus bulbosus*). Plante vivace s'élevant à 30 ou 35 centimètres; fleurs jaunes, de mai en juillet; division des touffes en automne ou au printemps.

Réséda. — Les fleurs de cette plante sont à vrai dire assez insignifiantes, mais leur agréable parfum fait qu'on la cultive dans tous les jardins. — RÉSÉDA ODORANT (*Reseda odorata*). Plante rameuse, annuelle en pleine terre, de 25 centimètres environ de hauteur; de juin en octobre, fleurs jaune verdâtre en grappes; variété à grandes fleurs, variété à grandes fleurs jaune d'or; semis en place en

Réséda odorant.

mai-juin; tout terrain; cette plante est fréquemment cultivée en pots dans les appartements. — RÉSÉDA PYRAMIDAL A GRANDES FLEURS (*Reseda odorata pyramidalis grandiflora*). On considère cette plante comme une variété du Réséda odorant; même culture.

Rhodanthe de Mangles (*Rhodanthe Manglesii*). — Plante annuelle, rameuse, de 20 à 30 centimètres; de mai en juillet, fleurs roses à disque jaune; variétés à fleurs blanches et à fleurs pleines; semis en mars sur couche; repiquage en terre de bruyère; mise en place en mai.

Rhododendron. — Les Rhododendrons sont de jolis arbrisseaux à feuilles souvent persistantes; ils se plaisent surtout dans la terre de bruyère. — RHODODENDRON PONTIQUE (*Rhododendron ponticum*). Hauteur, 2m,50 à 3 mètres : grandes fleurs pourpres en mai; semis en terre de bruyère, en pépinière ou en pots, sous châssis; marcottage en sevrant deux années après l'opération; les variétés obtenues par semis se con-

Rhododendron.

servent par la greffe. — RHODODENDRON D'AMÉRIQUE (*Rhododendron maximum*). Arbrisseau de 1m,60 à 2 mètres; fleurs roses en juin-juillet; variété à fleurs blanches; semis, marcottage ou greffe sur le Rhododendron pontique.— RHODODENDRON DE CATAWBA (*Rhododendron catawbiense*). Hauteur, 1m,50; en mai-juin, fleurs rose tendre. — RHODODENDRON FERRUGINEUX (*Rhododendron ferrugineum*). Arbrisseau de 50 centimètres; petites fleurs rouges en juin. Les Rhododendrons, qui ne donnent pas de graines ou qu'on ne peut ni greffer ni marcotter, sont reproduits par bouturage de jeunes rameaux en été, à l'ombre et sous châssis.

Ricin. — Plante annuelle en pleine terre, cultivée pour la beauté de ses feuilles. — RICIN GRAND (*Ricinus major*). Tige atteignant 2 à 3 mètres de hauteur; grandes feuilles d'un bel aspect; fleurs insignifiantes. Cette espèce a produit plusieurs variétés; la plus remarquable est le Ricin sanguin, dont les feuilles ont une teinte rouge sang; multiplication par semis en avril-mai, sur couche, ou en pots sur couche; mise en place en fin mai; arrosages abondants en été; exposition chaude.

Romarin officinal (*Rosmarinus officinalis*). Arbrisseau aromatique de 1m,50; feuilles persistantes; en février-mars, fleurs bleu pâle; multiplication par éclats, marcottes ou boutures; sol léger au midi.

Rose de Noël. — V. Hellébore.

Rose d'Inde. — V. Tagète.

Rose trémière (*Althæa rosea*).—Plante trisannuelle pouvant atteindre de 2 à 3 mètres de hauteur; de juillet en septembre, grandes fleurs, dont le coloris varie du blanc au rouge, au violet et au jaune, simples, semi-doubles ou doubles; multiplication : 1° par semis de juin en août en pépinière, pour repiquer en pépinière et mettre en place en arrachant en motte en automne ou au printemps; 2° par division des pieds en automne ou au printemps ; 3° par bouturage aux mêmes époques; 4° par greffe en fente à la Pontoise faite au printemps sur la racine d'une autre variété ; terrain frais plutôt au soleil qu'à l'ombre.

Rose trémière.

Rosier. — Le Rosier est un des arbustes les plus anciennement cultivés ; de tout temps la Rose, grâce à sa beauté, à la délicatesse de son coloris et à son parfum, a été considérée comme une fleur de premier ordre, et on la regarde encore aujourd'hui comme la reine des fleurs.

Par la culture, le Rosier a produit un grand nombre d'espèces et de variétés qui peuvent croître dans un sol sain, suffisamment fumé de terreau; elles exigent cependant une exposition aérée. Le Rosier peut se multiplier par semis, boutures, rejets, marcottes ou greffe.

Le semis est surtout usité lorsqu'on veut obtenir des variétés nouvelles, car, comme on le sait, les graines ne reproduisent pas toujours fidèlement la plante dont elles sont issues. Elles sont extraites des fruits des plus belles variétés; on peut les semer immédiatement après la maturité, en pots ou en pépinière, et couvrir le semis d'une couche de litière ou de feuilles mortes pendant l'hiver, ou bien attendre le printemps pour procéder au semis; dans ce dernier cas, il est bon de laisser tremper les graines vingt-quatre heures dans l'eau, avant de les répandre sur le sol ; la semence doit être recouverte d'une couche de terre d'environ 1 centimètre d'épaisseur. C'est au printemps de la seconde année qu'on pratique ordinairement le repiquage ; les sujets sont transplantés à une distance d'environ 30 centimètres les uns des autres ; aux approches de la floraison, lorsque paraissent les premiers boutons, on peut planter à demeure. Le semis de graines obtenues par le croisement de variétés ou d'espèces différentes a souvent produit des hybrides d'une réelle valeur.

Le bouturage ne peut pas être pratiqué indistinctement pour toutes les variétés de Rosier. Certaines espèces, telles que le Rosier Thé, le Rosier Noisette, le Rosier de Bengale, et en général toutes les races à bois tendre s'y prêtent admirablement; au contraire, il est presque impossible de bouturer les Rosiers à bois dur tels que les Rosiers cent-feuilles, les Rosiers de Provins, les Rosiers Capucine, etc. Les boutures de Rosier se font à l'air libre et à l'ombre, en automne ou au printemps, comme nous l'avons indiqué page 23.

Le mode de reproduction par drageons ne doit être employé que pour les individus francs de pied, c'est-à-dire qui n'ont pas été greffés. Il consiste à séparer les rejetons du pied-mère qu'ils affaiblissent, pour les replanter dans un autre endroit où ils se suffiront à eux-mêmes. S'il est inutile de replanter les drageons émis par les sujets greffés, qui reproduiraient un plant de la variété du sujet et non pas de celle du greffon, il est néanmoins indispensable de les supprimer dès qu'ils paraissent, si l'on ne veut pas voir la greffe s'épuiser et périr.

Le marcottage est fréquemment employé pour multiplier les Rosiers ; c'est généralement au printemps qu'on l'exécute ; on pratique le marcottage simple pour les espèces à bois tendre, le marcottage avec incision pour les espèces à bois dur ; on arrose fréquemment et l'on recouvre d'un paillis ; au printemps suivant on sèvre les marcottes. On peut marcotter à la fois plusieurs branches d'un même sujet.

C'est sur Églantier qu'on pratique le plus souvent la greffe du Rosier. On plante en ligne, en automne, les Églantiers âgés de deux ou trois ans, qu'on destine à être greffés; on habille les racines auparavant, c'est-à-dire qu'on coupe les radicelles qui sont froissées ou blessées ; pendant la croissance on sarcle, on bine et on arrose; le sol doit être recouvert d'un paillis ; les bourgeons chétifs sont supprimés, de manière à ne conserver que quelques-uns des plus vigoureux. On peut employer plusieurs modes de greffe; la greffe en écusson est la plus généralement usitée; elle se fait soit à œil poussant, soit à œil dormant, comme nous l'avons indiqué page 28. Il ne faut pas oublier de laisser sur le sujet, au-dessus de l'écusson, quelques bourgeons destinés à appeler la sève; s'ils croissent avec trop de vigueur, on aura soin de les pincer. La greffe en fente, moins usitée, se fait soit en janvier-février (elle prend alors le nom de greffe forcée), soit en mars-avril. On emploie souvent comme sujet, pour greffer en fente, des Rosiers des quatre-saisons empotés une année auparavant; on les coupe à 10 ou 12 centimètres au-dessus du niveau du sol, puis, la greffe terminée, on les place sous cloche. Après la reprise, on donne progressivement de l'air jusqu'à ce qu'on puisse retirer entièrement les cloches. On ne doit conserver dans la greffe en fente qu'un seul bourgeon du sujet opposé au greffon et destiné à appeler la sève. Lorsqu'on a manqué la greffe en écusson sur églantier, c'est à la greffe en fente qu'on a recours.

Les Rosiers greffés ont généralement une durée moins longue que les Rosiers francs de pied; on peut cependant en prolonger l'existence en les transplantant tous les trois ans en février; avant de les replanter, on habille les racines et l'on taille les tiges; la végétation reprend au printemps avec une vigueur nouvelle.

Pour croître vigoureusement et donner une floraison belle et bien répartie, les Rosiers doivent être taillés chaque année. La taille peut être faite soit en mars, soit après la floraison; il faut d'abord supprimer les branches mortes ou malades, ainsi que celles qui prennent une mauvaise direction; quant aux autres, elles doivent être d'autant plus raccourcies que la plante est moins vigoureuse : les espèces les plus faibles sont taillées au-dessus du quatrième ou du cinquième bouton; les rameaux des variétés vigoureuses sont coupés à 20 ou 30 centimètres de leur point de naissance.

Les formes qu'on peut donner aux Rosiers varient suivant les circonstances. Les Rosiers greffés sur Églantier sont généralement élevés en haute tige; les Rosiers francs de pied sont presque toujours cultivés en buisson. Les Rosiers à haute tige sont très estimés à cause de l'effet produit, qui est presque toujours remarquable: ils se couvrent de fleurs sur une grande étendue et donnent une floraison bien régulière. Lorsque les Rosiers cultivés en buisson deviennent faibles et languissants après plusieurs floraisons successives, on les coupe à quelques centimètres du sol; les drageons émis fleuriront dès l'année suivante; on ne conservera que les plus rapprochés du vieux pied.

On cultive aujourd'hui un nombre considérable d'espèces et de variétés de Rosier. Quelques botanistes ont essayé de les classer par analogie dans diverses catégories, mais il est en réalité fort difficile de donner une classification rationnelle où elles puissent toutes trouver

ROSIER.

Roses hybrides remontantes (Géant des Batailles).

Roses hybrides remontantes (Jules Margottin).

Roses thé (Madame Bérard).

Roses de Bengale (Primaire).

naturellement place. Nous nous bornerons donc à citer les espèces les plus remarquables et à mentionner pour chacune quelques-unes des variétés les plus importantes.

ROSIERS CENT-FEUILLES (*Rosa centifolia*). On réunit dans ce groupe des arbustes atteignant généralement 1^m,50 de hauteur ; leurs rameaux sont garnis de piquants ; les fleurs doubles, arrondies, sont généralement d'une belle couleur rose ; les variétés les plus belles et les plus répandues sont : la Rose des peintres, la Rose pompon de Bourgogne, la Rose Œillet et la Rose mousseuse unique de Provence. — ROSIERS DES QUATRE SAISONS OU DE PORTLAND (*Rosa portlandica*). Rameaux dressés épineux ; du commencement de l'été jusqu'aux gelées, grandes fleurs doubles, rouges, très odorantes. Variétés principales : Rose Mogador ou Rose du Roi, d'un rouge pourpre ; Rose pompon perpétuel, petite, de couleur rose ; les variétés de ce groupe sont remontantes, c'est-à-dire qu'elles ont la propriété de fleurir plusieurs fois dans l'année. — ROSIERS HYBRIDES REMONTANTS. Cette catégorie comprend des races très différentes qu'on peut cependant rapprocher des Rosiers de Portland ; Rose capitaine Christy, grande fleur rose clair ; Rose Géant des Batailles, d'un rouge éclatant ; Rose général Jacqueminot, carmin vif ; Rose Jules Margottin, rose pourpré ; Rose Paul Neyron, grande fleur rose vif ; Rose Triomphe de l'Exposition, rouge vif. — ROSIERS DE PROVINS (*Rosa gallica*). Très nombreuses variétés parmi lesquelles : Rose panachée double, fleur violette présentant des panachures blanches ; Rose Georges Vibert, fleur pourpre panachée de blanc ; Rose tricolore de Flandre, rose panachée de blanc ; ces variétés ne sont pas remontantes. — ROSIERS THÉ (*Rosa indica*). Depuis le commencement de l'été jusqu'aux gelées, grandes fleurs blanc rosé, roses ou jaunâtres, dont le parfum rappelle celui du thé ; Rose Bougère, fleur grande de couleur rose tendre ; Rose Devoniensis, très grande fleur d'un blanc jaunâtre ; Rose Madame Bérard ; Rose Safrano, jaune clair ; Rose Triomphe du Luxembourg, très grande fleur rougeâtre. — ROSIERS BENGALE (*Rosa bengalensis*). Les arbustes de cette section sont peu épineux ; leurs rameaux, grêles, ne portent la plupart du temps qu'une seule fleur, presque sans parfum : Rose Archiduc Charles, grande fleur rouge ; Rose cramoisi supérieur, d'une belle couleur cramoisi foncé ; Rose primaire ; Rose Reine-Blanche, fleur d'un blanc pur demi-double ; Rose Bengale pompon ou de miss Laurence, petite fleur rose ; les arbustes de cette dernière variété ne dépassent guère 30 centimètres de hauteur. — ROSIERS DE L'ÎLE BOURBON (*Rosa borbonica*). Ces Rosiers ont quelque analogie avec les Rosiers thé et les Rosiers Bengale ; ils sont toutefois plus développés, et leurs aiguillons plus larges, auxquels sont mêlées quelques soies, font qu'on les distingue rapidement : Rose Acidalie, d'un blanc carné; Rose Hermosa, de couleur rose tendre; Rose Louise Odier, d'une belle teinte rose vif; Rose reine des îles Bourbon, blanc rosé; Rose souvenir de la Malmaison, très grande fleur d'un blanc rosé. — ROSIERS NOISETTE (*Rosa noisettiana*). Les arbustes de ce groupe sont vigoureux; leurs rameaux, robustes, sont armés d'épines fortes et recourbées; floraison pendant tout l'été et l'automne; fleurs très doubles mais sans parfum : Rose Aimée Vibert, fleur moyenne d'un blanc pur; Rose Chromatella, très grande fleur jaune soufre passant au jaune clair; Rose Ophirie, fleur moyenne aurore cuivré; Rose solfatare, grande fleur jaune soufre. — ROSIERS MULTIFLORES (*Rosa multiflora*). Ces Rosiers sont des arbustes sarmenteux, non remontants, dont les fleurs, petites, sont réunies en groupes à l'extrémité des rameaux : Rose de la Grifferaie, pourpre carminé; Rose Laure Davoust, petite fleur d'un rose vif; Rose à fleur d'Anémone, fleur petite de couleur blanche; Rose beauté des prairies, petite, d'un rose violacé. — ROSIERS MUSQUÉS (*Rosa moschata*). Les arbrisseaux de cette section sont remontants; fleurs réunies en groupes, très odorantes : Rose double ancienne, fleur blanche de grandeur moyenne. — ROSIERS DE BANKS (*Rosa banksiana*). Ces Rosiers sont des arbrisseaux sarmenteux, grimpants, pouvant atteindre de très grandes dimensions : Rose à fleur blanche, fleur petite dont le parfum rappelle celui de la violette; Rose à fleur jaune, sans parfum. — ROSIERS PIMPRENELLE (*Rosa pimpinellifolia*). Arbrisseaux touffus de 70 centimètres environ de hauteur, ainsi nommés à cause de leurs feuilles qui ressemblent à celles de la Pimprenelle : Rose pimprenelle jaune double; Rose pimprenelle Estelle, fleurs roses. — ROSIERS CAPUCINE (*Rosa lutea*). Non remontants; grandes fleurs, souvent simples, d'une odeur désagréable : Rose capucine à fleur simple, jaune orangé; Rose capucine jaune de Perse, fleur jaune vif très double. — ROSIERS A PETITES FEUILLES (*Rosa microphylla*). Arbustes formant un buisson de 1 mètre environ de hauteur; fleurs assez grandes : Rose pourpre ancienne, fleur très double, pourpre, parfois striée de blanc; Rose Hardi, jaune, simple. — ROSIERS BRACTÉOLÉS (*Rosa bracteata*). Fleurs très doubles, blanches ou rose clair : Rose Maria Leonida, grande fleur double blanchâtre.

Toutes les espèces et variétés que nous venons de citer peuvent croître sous notre climat; la plupart résistent très bien aux froids : quelques-unes cependant, telles que les Rosiers thé, Bengale, Noisette, multiflore, de Banks et bractéolés ont parfois à souffrir des froids pendant l'hiver; on devra donc empailler les branches de ceux qui sont élevés en haute tige et ramener la terre autour de ceux qui sont cultivés en buisson, au pied desquels on placera une épaisse couche de litière.

L'ennemi le plus redoutable du Rosier est le puceron dont nous avons déjà parlé page 46; mais, en outre, une petite chenille attaque parfois les feuilles qu'elle enroule de manière à en faire une sorte de cornet dans lequel elle se loge; il est ainsi facile de se rendre compte de sa présence et, par suite, de la détruire.

Rudbeckie élégante (*Rudbeckia speciosa*).— Plante vivace, rameuse, de 50 à 60 centimètres de hauteur; de juillet en octobre, fleurs à rayons jaunes et à disque pourpre foncé; multiplication par éclats en automne et au printemps, ou par semis soit en mars-avril sur couche et sous châssis, soit en mai-juin en pépinière; on repique en pépinière pour mettre en place en automne ou au printemps.

S

Sabline de Mahon. — V. Arénaire.

Safran. — V. Crocus.

Sainfoin d'Espagne (*Hedysarum coronarium*). — Plante bisannuelle, touffue, de 60 centimètres à 1 mètre de hauteur; en juillet, fleurs rouges, odorantes, disposées en épis; variété à fleurs blanches; semis en avril-mai en pépinière; repiquage en pépinière à bonne exposition; mise en place en automne; couverture de litière ou châssis pendant l'hiver; terrain frais; exposition chaude et aérée.

Salicaire commune (*Lythrum salicaria*).— Vivace; hauteur, 1 mètre environ; en juillet-août, fleurs purpurines groupées en épis; variété à fleurs rose pourpré; variété à feuilles tomenteuses; semis d'avril en juillet en pépinière dans un sol frais; repiquage en pépinière; mise en place en avril; cette plante réclame un terrain humide; elle vient admirablement sur le bord des eaux.

Salpiglossis hybrides.

Salpiglossis à feuilles sinuées (*Salpiglossis sinuata*). — Plante annuelle, touffue, de 70 centimètres à 1 mètre; en juillet-août, belles

fleurs de nuances très variées; variétés hybrides remarquables; semis
en place en avril-mai; arrosements modérés; terre légère et riche;
exposition chaude et aérée.

Sanvitalie rampante (*Sanvitalia procumbens*). — Plante annuelle de
20 centimètres; de juillet en octobre, nombreuses fleurs à rayons
jaune vif et à disque brun; variété à fleurs doubles; semis en avril
sur couche ou en pépinière.

Saponaire. — Genre dont on cultive trois espèces principales : —
SAPONAIRE OFFICINALE (*Saponaria officinalis*). Vivace; hauteur, 70 à
80 centimètres; de juillet en septembre, nombreuses fleurs roses odorantes; variété à fleurs doubles; division des pieds en automne ou au
printemps, ou semis d'avril en juin en pépinière pour repiquer en
pépinière et mettre en place en automne ou au printemps. — SAPONAIRE
A FEUILLES DE BASILIC (*Saponaria ocimoides*). Vivace; touffue; d'avril en
juillet, fleurs roses en grappes; semis d'avril en juillet en pépinière,
ou division des touffes en automne ou
mieux au printemps. — SAPONAIRE
DE CALABRE (*Saponaria calabrica*).
Plante annuelle, touffue, de 15 à 20 centimètres de hauteur; en été, fleurs
rose vif, petites et nombreuses; variétés à fleurs blanches et à fleurs rouges; semis en mars-avril ou au commencement de septembre, en place
ou en pépinière.

Sauge. — Cette plante comprend
plus de trois cents espèces, mais on
n'en cultive que quelques-unes dans
les jardins d'agrément. — SAUGE
HORMIN (*Salvia Horminum*). Annuelle;
hauteur, 50 à 60 centimètres; à l'ex-

Sauge Hormin.

trémité des rameaux, feuilles ou bractées bleu violâtre d'un bel effet;
en juin-juillet, fleurs violacées; variété à bractées rouges; semis en
place en avril-mai ou en pépinière à la même époque; arrosements
fréquents en été. — SAUGE ARGENTÉE (*Salvia argentea*). Bisannuelle;
hauteur, 60 à 70 centimètres; feuilles couvertes d'un duvet argenté;
en juillet-août la seconde année, fleurs blanches; semis en février-mars
sur couche et sous châssis, pour repiquer sur couche et sous châssis et
mettre en place en mai, ou semis en automne en pépinière ou en pots pour
hiverner sous châssis et planter à demeure en mai. — SAUGE AZUREE

(*Salvia azurea*). Plante vivace de 60 centimètres à 1 mètre de hauteur ; en juillet-août, fleurs bleues ; semis en pots dès que les graines sont mûres, pour hiverner sous châssis, repiquer en pots, et mettre en place au printemps ; on peut encore diviser les pieds au printemps ou bouturer au printemps sous châssis ; couverture de litière en hiver. — SAUGE ÉCLATANTE (*Salvia splendens*). Plante vivace, rameuse, de 60 à 80 centimètres ; pendant l'été et l'automne, fleurs d'un rouge vif disposées en épis ; semis en mars-avril, en pots et sur couche, pour repiquer en pots et sur couche et planter à demeure en fin mai, ou semis de mai à juillet en pots pour repiquer en pots, hiverner sous châssis, et mettre en place en mai ; on reproduit plus fréquemment encore cette espèce par boutures.

Saxifrage. — On cultive un assez grand nombre d'espèces de ce genre dont la plupart sont vivaces. — SAXIFRAGE DE SIBÉRIE OU A FEUILLES ÉPAISSES (*Saxifraga crassifolia*).

Saxifrage de Sibérie.

Vivace ; hampe s'élevant à 20 ou 30 centimètres, terminée en mars-avril par de grandes et belles fleurs roses ; multiplication par division des touffes en automne ou au printemps, ou par boutures de racines ; terrain frais à une exposition demi-ombragée. — SAXIFRAGE SARMENTEUSE (*Saxifraga sarmentosa*). Plante vivace, velue, émettant de nombreux coulants ; feuilles vertes veinées de blanc en dessus, rouges en dessous ; de juin en août, grandes fleurs dont les trois pétales supérieurs, petits, sont d'un blanc ponctué de jaune, et les deux inférieurs, plus allongés, sont d'un blanc pur ; multiplication par division des touffes en automne ou au printemps, ou par séparation des coulants, de la même manière que pour le Fraisier ; sol frais, perméable, formé d'un mélange de terreau, de feuilles et de sable ; cette espèce est quelquefois cultivée dans les appartements où elle est d'un bel effet en suspension. — SAXIFRAGE COTYLÉDON (*Saxifraga cotyledon*). Plante vivace à feuilles charnues disposées en rosettes ; tiges de 50 à 70 centimètres de hauteur, portant en mai-juin de jolies fleurs blanches ; multiplication par séparation d'œilletons ou division de touffes, en automne ou au printemps ; on peut encore semer d'avril en juillet en pots et en terre de bruyère, à une exposition demi-ombragée. — SAXIFRAGE OMBREUSE (*Saxifraga umbrosa*). Vivace, feuilles en rosettes ; hampe de 20 à 25 centimètres, couverte en mai-juin de petites fleurs blanches ponctuées de rose; division des pieds en automne ou au printemps. — SAXIFRAGE MOUSSEUSE OU GAZON TURC (*Saxifraga hypnoides*). Plante vivace dont les feuilles nombreuses forment un gazon épais; hampes de 10 à 15 centimètres terminées en avril-mai par un groupe de fleurs blanches; semis d'avril en juillet, en pots et à l'ombre; sol frais. — SAXIFRAGE GRANULÉE (*Saxifraga granulata*). Vivace; tige de 25 à 30 centimètres; fleurs blanches en mai-juin; variétés à fleurs doubles; multiplication par semis, en pots, d'avril en juin, ou par division des racines tuberculeuses; sol léger.

Scabieuse. — Plusieurs espèces de ce genre sont assez répandues. — SCABIEUSE FLEUR DES VEUVES (*Scabiosa atropurpurea*). Bisannuelle; hauteur, 60 centimètres à 1 mètre; nombreuses fleurs blanches, roses, rouges, pourpres ou violettes, exhalant une odeur de musc; variétés à grandes fleurs; variétés grandes, demi-naines et naines; semis en place en avril-mai ou en août-septembre en pépinière. — SCABIEUSE DU CAUCASE (*Scabiosa caucasica*). Plante vivace de 60 centimètres à 1 mètre; de juin en septembre, grandes fleurs lilas clair; multiplication par semis en pépinière d'avril en juillet, pour repiquer en pépinière et mettre en place en automne ou au printemps, ou par éclats en automne ou au printemps.

Schizanthe. — Les Schizanthes sont annuels; on en cultive principalement deux espèces : — SCHIZANTHE ÉTALÉ (*Schizanthus pinnatus*). Tiges rameuses de 40 à 60 centimètres de hauteur; nombreuses fleurs lilas avec un lobe jaune à la partie supérieure; variété à fleurs blanches; variété naine; semis en avril-mai en place, ou en septembre en pépinière pour repiquer sous châssis et mettre en place en avril. — SCHIZANTHE ÉMOUSSÉ (*Schizanthus retusus*). Tige rameuse pouvant atteindre de 60 à 80 centimètres; fleurs roses avec un lobe jaune à la partie supérieure; variété à fleurs blanches; semis en avril en place, ou en septembre en pépinière pour repiquer en pots, hiverner sous châssis, repiquer de nouveau en pots et mettre en place en avril.

Scille du Pérou.

Scille. — Les Scilles sont des plantes bulbeuses assez ornementales. — SCILLE DU PÉROU (*Scilla peru-*

viana). Hampe de 25 à 30 centimètres, se couvrant en juin d'une grande quantité de jolies fleurs bleues; variété à fleurs blanches; multiplication par séparation des caïeux en juin pour les replanter immédiatement à 10 ou 15 centimètres de profondeur; on peut cultiver cette plante en pots ou en carafes de la même manière que la Jacinthe. — SCILLE D'ITALIE (*Scilla italica*). Hampe de 15 à 25 centimètres, portant en mai une grappe de fleurs bleues odorantes; multiplication tous les trois ou quatre ans en juillet-août par séparation des caïeux qu'on replante immédiatement; terrain léger à une exposition demi-ombragée. — SCILLE AGRÉABLE (*Scilla amœna.*) Hampe de 20 à 25 centimètres, donnant en avril-mai de une à trois fleurs d'un beau bleu; même culture que l'espèce précédente. — SCILLE DE SIBÉRIE (*Scilla sibirica*). Hampe de 10 à 20 centimètres; en mars-avril, petites fleurs en cloche d'un beau bleu; même culture. — SCILLE CAMPANULÉE (*Scilla campanulata*). Hampe de 20 à 30 centimètres, terminée en avril-mai par de nombreuses fleurs d'un bleu clair réunies en grappes; variété à fleurs blanches; même culture.

Sédum à feuilles de Peuplier.

Sédum. — Les Sédums sont des plantes rustiques assez élégantes. — SÉDUM ORPIN (*Sedum Telephium*). Vivace; hauteur, 40 à 50 centimètres; en août-septembre, fleurs pourpres; semis en place en pépinière ou en pots d'avril en juin, ou multiplication par division des touffes en automne ou au printemps; terre meuble à demi-ombre. — SÉDUM A FEUILLES DE PEUPLIER (*Sedum populifolium*). Vivace; hauteur, 30 à 40 centimètres; de juillet en septembre, fleurs odorantes roses réunies en bouquet; semis d'avril en juin; division des touffes ou boutures en automne ou au printemps; terrain léger et sablonneux. — SÉDUM DE SIEBOLD (*Sedum Sieboldi*). Vivace; hauteur, 15 à 20 centimètres; en septembre-octobre, nombreuses fleurs roses; même culture que l'espèce précédente. — SÉDUM ODORANT (*Sedum Rhodiola*). Vivace; hauteur, 25 à 30 centimètres; en mai-juin, fleurs roses odorantes; même culture. — SÉDUM DÉLICAT (*Sedum pulchellum*). Plante vivace de 10 à 20 centimètres; de juillet en septembre, fleurs pourprées en grappes; même culture. — SÉDUM BRULANT (*Sedum acre*). Plante touffue de 5 à 10 centimètres; de mai en juillet, fleurs jaune vif; même culture. — SÉDUM REMARQUABLE (*Sedum spectabile*). Vivace;

hauteur, 30 à 40 centimètres ; d'août en octobre, fleurs roses; même culture.

Sempervivum. — V. Joubarbe.

Seneçon d'Afrique ou des Indes (*Senecio elegans*). — Plante rameuse, annuelle en pleine terre, de 50 à 60 centimètres ; de juin en août, fleurs simples ou doubles, à rayons blancs, roses, rouges, lilas, violets, cendrés ou cuivrés, et à disque jaune; semis en avril-mai en place ou en pépinière, ou en septembre en pépinière, pour repiquer en pots, hiverner sous châssis, et mettre en place en avril; les variétés doubles se multiplient par boutures qu'on hiverne sous châssis.

Seneçon pourpre, Seneçon hybride. — V. Cinéraire hybride.

Sensitive pudique (*Mimosa pudica*). — Plante cultivée comme annuelle, surtout à titre de curiosité; au moindre attouchement les folioles se redressent et se rapprochent les unes des autres, quelquefois la plante entière semble se flétrir ; semis sur couche en avril ; repiquage en pots sur couche ; mise en place en pleine terre à bonne exposition; on peut laisser cette plante en pots.

Seringat des jardins (*Philadelphus coronarius*). — Arbrisseau de 2m,50 à 3 mètres; en juin, fleurs blanc jaunâtre exhalant une odeur pénétrante des plus agréables ; multiplication par semis et boutures ; taille au printemps.

Seringat des jardins.

Shortie de Californie (*Shortia californica*). — Plante annuelle, rameuse, s'élevant à 15 ou 20 centimètres ; jolies fleurs jaunes en juin-juillet; semis en place en avril.

Silène. — Les Silènes peuvent croître dans presque tous les sols. — SILÈNE ARMÉRIA (*Silene Armeria*). Plante annuelle de 40 à 60 centimètres de hauteur; de juin en août, nombreuses fleurs d'une jolie couleur rose vif; variétés à fleurs blanches et à fleurs rose clair; semis en place en avril-mai ou en septembre. — SILÈNE D'ORIENT OU A BOUQUETS (*Silene compacta*). Bisannuel; hauteur, 50 à 60 centimètres; nombreuses fleurs rose foncé en juillet-août; semis en pépinière en juin-juillet; repiquage en pépinière; plantation à demeure en automne ou au printemps. — SILÈNE A FRUITS PENDANTS (*Silene pendula*). Plante annuelle, rameuse, de 20 à 25 centimètres; nombreuses fleurs roses ou blanches, simples ou doubles, suivant les variétés; variétés naines; semis en avril en place, ou de juillet en septembre en pépinière pour repiquer en pépinière et mettre en place en automne ou au printemps.

Silène à fruits pendants.

Silphium à feuilles laciniées (*Silphium laciniatum*). — Grande plante vivace de 2m,50; de juillet en septembre, fleurs jaunes; semis d'avril en juin, en pépinière ou en pots, ou éclats.

Soldanelle des Alpes (*Soldanella alpina*). — Plante vivace de 10 à 12 centimètres; fleurs violettes en juin-juillet; semis en mai-juin en pots, pour repiquer en pots, hiverner sous châssis et mettre en place en avril, ou éclats en automne ou au printemps; sol frais et ombragé.

Soleil. — On cultive surtout deux espèces : — SOLEIL TOURNESOL (*Helianthus annuus*). Plante annuelle pouvant dépasser 2 mètres de hauteur; en été, fleurs énormes atteignant 20 centimètres de diamètre, à rayons jaune d'or et à disque noir; variétés grandes ou naines, à fleurs simples ou doubles; semis en place en avril-mai; arrosages copieux en été; tuteurs pour maintenir les tiges. — SOLEIL MULTIFLORE (*Helianthus multiflorus*). Plante vivace dont la hauteur varie entre 1 mètre et 1m,50; d'août en octobre, fleurs à rayons jaune orangé et à disque brunâtre; éclats en automne ou au printemps.

Solidago. — V. Verge-d'or.

Souci des jardins (*Calendula officinalis*). — Annuel; tige de 25 à 30 centimètres; fleurs à rayons jaunes et à disque pourpre foncé; nombreuses variétés; semis en place ou en pépinière de mars en mai, ou semis en septembre-octobre en pépinière pour repiquer en pépinière et mettre en place, après avoir arraché en motte en mars-avril.

Spirée. — Les Spirées sont des plantes vivaces d'un bel effet; plusieurs espèces sont assez répandues. — SPIRÉE FILIPENDULE (*Spiræa filipenda*). Hauteur, 50 à 60 centimètres; en juin-juillet, nombreuses petites fleurs d'un blanc rosé; variété à fleurs doubles qui est la plus cultivée ; division des touffes en automne ou au printemps. — SPIRÉE REINE-DES-PRÉS (*Spiræa ulmaria*). Hauteur, 1 mètre environ ; en juillet-août, nombreuses petites fleurs doubles, blanches ; variété à feuilles panachées; division des touffes. — SPIRÉE A FEUILLES LOBÉES (*Spiræa lobata*). Hauteur, 60 centimètres à 1 mètre ; en juin-juillet, nombreuses fleurs rose tendre; variété gracieuse; division des touffes; terre légère et fraîche à l'ombre. — SPIRÉE BARBE-DE-BOUC (*Spiræa Aruncus*). Hauteur, 1 mètre à 1m,50; en juin-juillet, fleurs blanches très nombreuses formant de belles grappes; division des touffes; terre fraîche et légère à demi-ombre. — SPIRÉE DE FORTUNE (*Spiræa Fortunei*).

Spirée Reine-des-prés à fleurs doubles.

Arbrisseau de 1 mètre de hauteur; fleurs roses pendant l'été ; multiplication par boutures et éclats; terrain frais et léger ; taille au printemps. — SPIRÉE A FEUILLES DE SORBIER (*Spiræa sorbifolia*). Arbrisseau rustique; d'avril en septembre, fleurs blanches en grappes; semis, marcottes et drageons. — SPIRÉE A FEUILLES DE PRUNIER (*Spiræa prunifolia*). Arbrisseau de 40 centimètres formant un buisson qui se couvre de fleurs blanches; même culture que l'espèce précédente.

Staphylée à feuilles ailées (*Staphylea pinnata*). — Arbrisseau de 4 à 5 mètres de hauteur; d'avril en juin, fleurs blanches en grappes; multiplication par semis ou drageons.

Statice. — Les Statices se plaisent dans un terrain frais et siliceux, situé à bonne exposition. — STATICE DE TARTARIE (*Statice tartarica*) Plante vivace s'élevant à 25 ou 30 centimètres; de juillet en septembre, petites fleurs roses très nombreuses; variété à feuilles étroites; semis d'avril en juin en pépinière, pour repiquer en pépinière et mettre en place en automne ou au printemps, ou semis sur couche en mars-avril; la division des touffes ne produit pas toujours de bons résultats. — STA-

TICE LIMONIUM (*Statice limonium*). Vivace; hauteur, 40 à 50 centimètres; d'août en octobre, petites fleurs lilas en grande quantité; même culture. — STATICE A LARGES FEUILLES (*Statice latifolia*). Plante vivace de 50 à 60 centimètres; de juillet en septembre, fleurs bleu clair; même culture. — STATICE ARMÉRIA OU GAZON D'OLYMPE (*Statice Armeria*). Plante vivace de 10 à 15 centimètres de hauteur; fleurs roses en mai-juin; variétés à fleurs rose vif, pourpres ou blanches; division des touffes.

Stévie. — Les Stévies sont vivaces et se plaisent dans un sol léger à bonne exposition. — STÉVIE POURPRE (*Stevia purpurea*). Tiges rameuses de 40 à 60 centimètres de hauteur; de juin en octobre, fleurs pourprées; semis sur couche en mars-avril pour repiquer en pépinière et mettre en place en mai-juin, ou division des touffes au printemps; couverture de litière en hiver; arrosements fréquents en été. — STÉVIE A FEUILLES DENTÉES (*Stevia serrata*). Hauteur, 80 centimètres; de juillet en octobre, fleurs blanchâtres; même culture.

Stramoine d'Égypte. — V. Datura d'Égypte.

Syringa. — Les Syringas ou Lilas sont des arbrisseaux très répandus. — SYRINGA COMMUN OU LILAS COMMUN (*Syringa vulgaris*). Arbrisseau

s'élevant à 3 ou 4 mètres; en avril-mai, fleurs rose violacé; variétés à fleurs blanches et à fleurs pourpres; multiplication par semis, boutures ou marcottes; les variétés peuvent être greffées sur le Lilas commun; taille après la floraison. — LILAS VARIN (*Syringa dubia*). Hauteur, 2 à 3 mètres; en avril-mai, fleurs violacées; même culture. — LILAS DE PERSE (*Syringa persica*). Hauteur, 2 mètres environ; en fin mai, petites fleurs violet clair; même culture.

ŒILLET-D'INDE
DOUBLE GRAND VARIÉ

T

Tabac commun (*Nicotiana Tabacum*). — Plante annuelle en pleine terre atteignant 2 mètres de hauteur; de juillet en octobre, fleurs roses en entonnoir, réunies en grappes; semis en avril sur couche pour repiquer sur couche et mettre en place en mai, ou semis en avril-mai en pépinière; sol profond et riche; arrosements fréquents en été.

Tagète. — Les Tagètes conviennent à la fois pour les corbeilles, les plates-bandes et les bordures. — TAGÈTE ŒILLET D'INDE (*Tagetes patula*). Annuelle; tige rameuse de 40 à 60 centimètres; de juillet en octobre, jolies fleurs jaune orangé exhalant une odeur désagréable; variétés grandes, naines et très naines, à fleurs doubles ou simples, diversement colorées; semis en avril-mai, en pépinière à exposition chaude, pour repiquer en pépinière et planter à demeure en mai-juin, ou semis sur couche en mars-avril pour repiquer en place.

THLASPI
BLANC.

— TAGÈTE ROSE D'INDE DOUBLE (*Tagetes erecta*). Annuelle; tige rameuse de 80 centimètres à 1 mètre; de juillet en octobre, fleurs jaune orangé; variétés naines; même culture. — TAGÈTE TACHÉE (*Tagetes signata*). Plante annuelle de 60 à 70 centimètres de hauteur; de juin en octobre, fleurs à rayons jaune orangé marqués d'une tache pourpre et à disque jaune; variétés naines; multiplication par semis soit en mars-avril sur couche pour repiquer en pépinière et planter à demeure en mai, soit en avril en pépinière pour repiquer en pépinière et mettre en place en fin mai.

Tamarix de Narbonne (*Tamarix gallica*). — Arbrisseau pouvant atteindre 5 mètres de hauteur; petites fleurs blanches teintées de pourpre en mai; reproduction par boutures; taille après la floraison; sol frais.

Tanaisie commune à feuilles crispées (*Tanacetum vulgare, var. crispum*). Plante vivace aromatique de 40 à 50 centimètres; en juillet-août, fleurs jaunes; division des touffes en automne ou au printemps.

Tecoma. — V. Bignone.

Thlaspi. — Les Thlaspis ou Téraspics sont des plantes rustiques, peu difficiles sur la qualité du sol. — THLASPI BLANC (*Iberis amara*).

Annuel; hauteur, 20 à 25 centimètres; de juin en octobre, fleurs blanches odorantes réunies en grappes; variété blanc Julienne; semis en place de mars en mai, ou à la même époque en pépinière pour repiquer à demeure; on peut encore semer en pépinière de la mi-septembre à la mi-octobre, repiquer à bonne exposition et mettre en place en avril; dans ce cas on couvrira d'une légère couche de litière en hiver. — THLASPI EN OMBELLE (*Iberis umbellata*). Annuel; tige rameuse de 30 à 40 centimètres de hauteur; fleurs lilas; variétés à fleurs roses et à fleurs violettes; variétés naines; même culture. — THLASPI TOUJOURS VERT (*Iberis sempervirens*). Tiges rameuses de 20 à 30 centimètres; d'avril en mai, fleurs blanches en grappes; semis en pépinière d'avril en juin, pour repiquer en pépinière et planter à demeure au printemps, ou division des touffes après la floraison.

Thunbergie ailée (*Thunbergia alata*). — Plante grimpante de 1 mètre à 1^m,50 de hauteur, cultivée comme annuelle; de juin en octobre, fleurs jaunes à centre noir; variétés à fleurs blanches, à fleurs jaune orange et à fleurs jaune pâle; semis en mars-avril sur couche chaude et sous châssis; repiquage sur couche; mise en place en fin mai.

Thym commun (*Thymus vulgaris*). — Plante rameuse, vivace, aromatique, de 10 à 15 centimètres de hauteur; de mai en août, nombreuses petites fleurs roses ou blanches; multiplication par boutures, division des pieds au printemps, ou semis d'avril en juin en pépinière.

Tigridie à grandes fleurs (*Tigridia pavonia*). — Plante bulbeuse de 30 à 40 centimètres; en juillet-août, grandes et belles fleurs violettes à la base, puis jaunes et rouges; variété à fleurs blanches; séparation des caïeux, qu'on plante en mars-avril, ou semis à la même époque en pots et sur couche, ou un peu plus tard en pépinière.

Tithonie à fleurs de Tagète (*Tithonia tagetiflora*). — Plante annuelle à tige rameuse de 1^m,50 à 2 mètres de hauteur; en septembre-octobre, fleurs jaune orange; semis en avril sur couche; repiquage à demeure en mai; exposition chaude et aérée; fréquents arrosages en été.

Tournefortie faux Héliotrope (*Tournefortia heliotropioides*). — Plante vivace, rameuse, de 20 à 40 centimètres; de juillet en septembre, nombreuses fleurs bleues en grappes; semis sur couche en mars-avril pour repiquer sur couche et mettre en place en mai, ou semis en août en pots pour repiquer en pots, couvrir de châssis en hiver et planter à demeure en avril-mai; on peut aussi diviser les racines en mai-juin.

Trachélie bleue (*Trachelium cæruleum*). — Plante bisannuelle, rameuse, haute de 30 à 50 centimètres; de juin en août, fleurs d'un bleu violacé très nombreuses ; variété à fleurs blanches ; semis en pépinière à l'époque de la maturité des graines, ou boutures au printemps sur couche ; terrain léger et sablonneux.

Tradescantia. — V. Éphémère.

Tritome faux Aloès (*Tritoma uvaria*). — Superbe plante vivace dont la hampe est terminée en septembre par un bouquet de fleurs rouges ; multiplication par semis en pots et sur couche de mars en mai, ou en juin-juillet en plein air ; on repique en pots pour hiverner sous châssis et l'on plante à demeure en mai suivant ; on peut encore reproduire cette plante par séparation des stolons ; exposition chaude ; terre riche, fraîche et légère ; couverture de litière en hiver.

Troène. — On en cultive plusieurs espèces. — Troène commun (*Ligustrum vulgare*). Hauteur, 2 mètres ; petites fleurs blanches odorantes ; multiplication par boutures ou drageons ; tout terrain, toute exposition ; cet arbrisseau est fréquemment employé pour la formation des haies. — Troène du Japon (*Ligustrum japonicum*). Hauteur, 4 mètres environ ; fleurs blanches en été ; multiplication par semis ou par greffe sur l'espèce précédente ; sol léger à exposition chaude. — Troène a feuilles ovales (*Ligustrum ovalifolium*). Hauteur, 3 mètres ; feuilles persistantes ; fleurs blanches en été ; multiplication par boutures.

Trolle. — Les Trolles sont des plantes vivaces se rapprochant de la Renoncule. — Trolle d'Europe (*Trollius europæus*). Tige s'élevant à 30 ou 40 centimètres ; en mai-juin, fleurs jaune d'or odorantes ; variété à fleurs blanches ; division des touffes au printemps ou en automne, ou semis en pépinière d'avril en juin ; terre fraîche à demi-ombre. — Trolle d'Asie (*Trollius Asiaticus*). Hauteur, 15 à 20 centimètres ; fleurs plus petites que dans l'espèce précédente ; même culture.

Tropæolum. — V. Capucine.

Tubéreuse des jardins (*Polianthes tuberosa*). — Plante bulbeuse s'élevant généralement à 1 mètre ; de juillet jusqu'aux gelées, fleurs d'un blanc rosé, odorantes, simples ou doubles ; multiplication par séparation des caïeux qu'on plante au printemps, méthode qui n'est guère appliquée que dans le midi de la France ; sous le climat de Paris on plante des ognons qui viennent de Provence ; la plantation s'effectue en mars, en pots sur couche et sous châssis ; on aère plus fréquemment à mesure que la température devient plus douce.

Tulipe. — La Tulipe est l'une de nos plus belles plantes bulbeuses ; il en existe un nombre considérable d'espèces. — Tulipe des fleuristes ou de Gesner (*Tulipa gesneriana*). Cette espèce est la plus généralement cultivée ; elle atteint de 20 à 30 centimètres de hauteur et donne en mai de grandes et belles fleurs de nuances très variables. Les nombreuses races de Tulipe des fleuristes se classent en Tulipes simples et en Tulipes doubles; dans chacune de ces deux catégories, on distingue les variétés tardives et les variétés hâtives. La Tulipe de Gesner peut s'accommoder de tous les sols sains; elle se plaît à une exposition claire et aérée. La plantation des ognons s'effectue généralement d'août en novembre; au printemps, lorsque les tiges sont sorties de terre, on donne un premier binage; quand la floraison est terminée, on coupe ordinairement les tiges au-dessus des feuilles, afin que les ognons ne s'affaiblissent pas au profit des graines. On arrache les bulbes lorsque les feuilles jaunissent, on en sépare les caïeux, puis on les place dans un lieu sec et aéré, où ils resteront jusqu'à l'époque de la plantation; dans la suite, ils seront traités comme les ognons adultes. Lorsqu'on veut obtenir des variétés nouvelles, on a recours à la multiplication par semis; le semis s'effectue en septembre-octobre, en pépinière, à bonne exposition; la semence est recouverte d'une couche de terreau

Tulipe de Gesner flamande.

d'environ 1 centimètre; pendant les froids, on étend sur le sol une légère épaisseur de litière ou de feuilles mortes; la levée se fait au printemps suivant; on bassine de temps en temps jusqu'à ce que les feuilles prennent une teinte jaune. Lorsque les feuilles sont sèches, on arrache les jeunes bulbes qui seront traités dans la suite comme les caïeux. Par le semis, on obtient des fleurs au bout de quatre ou cinq ans. — TULIPE DUC DE THOL (*Tulipa suaveolens*). Hauteur, 15 à 20 centimètres; jolies fleurs odorantes de couleurs variables; même culture. TULIPE ŒIL-DU-SOLEIL (*Tulipa Oculus solis*). Tige de 30 à 40 centimètres de hauteur; en avril-mai, grandes fleurs rouges marquées à chacune des divisions d'un œil noir entouré de jaune; même culture. — TULIPE DE L'ÉCLUSE (*Tulipa clusiana*). Tige s'élevant à 20 ou 25 centimètres; en avril-mai, jolies petites fleurs dont les divisions sont roses au milieu, blanches sur les bords et pourpres à la base; même culture.

Tussilage odorant ou **Héliotrope d'hiver** (*Tussilago* ou *Nardosmia fragrans*). — Vivace; hampe de 30 à 35 centimètres; de novembre en janvier, fleurs d'un blanc rosé à odeur d'Héliotrope; éclats en automne ou au printemps, ou semis d'avril en juin en pépinière, pour repiquer en pépinière et mettre en place en automne; sol frais, à l'ombre.

V

Valériane. — On en trouve dans les jardins plusieurs belles espèces. — VALÉRIANE MACROSIPHON (*Centranthus macrosiphon*). Plante annuelle, rameuse, s'élevant à 30 ou 40 centimètres; de juin en août, nombreuses fleurs rose vif réunies en grappes; variété à fleurs blanches; multiplication par semis, qu'on pratique soit en mars-avril en pépinière, soit de mars en mai en place, soit en fin septembre, en pépinière pour repiquer en pépinière sous châssis, repiquer une seconde fois en mars, et mettre en place en mars-avril.

Valériane macrosiphon (variété naine).

— VALÉRIANE PHU (*Valeriana Phu*). Plante vivace de 1 mètre à 1^m,20 de hauteur; de juin en août, fleurs blanches odorantes; semis en juin-juillet en pépinière, pour repiquer en pépinière et mettre en place en automne ou au printemps, ou en avril-mai en place ou en pépinière; on peut encore multiplier par éclats en automne ou au printemps. — VALÉRIANE ROUGE (*Centranthus ruber*). Plante vivace, haute de 70 à 80 centimètres; de juin en septembre, nombreuses fleurs blanches, roses ou rouges; même culture que l'espèce précédente. — VALÉRIANE DES PYRÉNÉES (*Valeriana pyrenaica*). Plante vivace de 60 à 80 centimètres; en juin-juillet, nombreuses fleurs roses; même multiplication; terrain léger à demi-ombre.

Valériane grecque. — V. Polémoine. —

Varaire. — Deux espèces principales: — VARAIRE BLANC (*Veratrum album*). Plante vivace de 1 mètre à 1^m,20 de hauteur; de juin en août, fleurs d'un blanc jaunâtre, réunies en grappes; multiplication par semis en pots d'avril en juin, ou par bulbes. — VARAIRE NOIR (*Veratrum nigrum*). Vivace; de juin en août, fleurs pourpre brun; même culture.

Vélar. — V. Erysimum.

Venidium à fleur de Souçi (*Venidium calendulaceum*). — Plante annuelle, touffue, de 20 à 30 centimètres ; grandes fleurs à rayons jaune orangé et à disque brun, de juillet à novembre; semis sur couche en avril pour repiquer en place en mai, ou semis en avril-mai, en place ou en pépinière.

Verbena. — V. Verveine.

Verge d'or. — Plante vivace, s'accommodant de presque tous les sols ; plusieurs espèces sont cultivées. — VERGE D'OR COMMUNE (*Solidago Virga aurea*). Hauteur, 80 centimètres à 1 mètre; de juillet en septembre, fleurs jaunes en grappes; multiplication par éclats en automne ou au printemps, ou par semis en pépinière de mars en juillet ou en septembre-octobre. — VERGE D'OR DU CANADA (*Solidago canadensis*). Hauteur, 1 mètre à 1ᵐ,25 ; de juillet en septembre, nombreuses fleurs jaune d'or; même culture. — VERGE D'OR MULTIFLORE (*Solidago multiflora*). Tiges rameuses de 60 à 80 centimètres; nombreuses petites fleurs jaunes en grappes en août-septembre; même culture. — VERGE D'OR PENCHÉE (*Solidago nutans*). Hauteur, 1ᵐ,50 environ ; en août-septembre, fleurs jaunes, réunies en grappes; même culture.

Vergerette. — V. Erigeron.

Vernonie. — Les Vernonies sont vivaces, rustiques, et préfèrent un sol meuble, frais et à bonne exposition. — VERNONIE DE NEW-YORK (*Vernonia nowæboracensis*). Hauteur, 2 mètres environ ; en septembre-octobre, fleurs pourpres; reproduction par éclats en automne ou au printemps, ou par semis en pépinière d'avril en juin, pour repiquer en pépinière et mettre en place au printemps. — VERNONIE ÉLEVÉE (*Vernonia præalta*). Hauteur, 1ᵐ,50; en août-septembre, fleurs pourpre violacé ; même culture.

Véronique maritime.

Véronique. — La plupart des espèces de ce genre sont rustiques et peuvent être utilisées dans la formation des corbeilles et l'ornementation des plates-bandes. — VÉRONIQUE

DE SYRIE (*Veronica syriaca*). Plante annuelle, rameuse, de 15 à 20 centimètres de hauteur ; en été, fleurs bleu clair, jaunes au centre; variété à fleurs blanches ; semis de mars en mai en place, ou en septembre en pépinière, pour repiquer en pépinière et mettre en place en mars-avril ; terrain léger à bonne exposition. — VÉRONIQUE EN ÉPI (*Veronica spicata*). Plante vivace s'élevant à 20 ou 30 centimètres ; en juin-juillet, fleurs bleues en grappes ; multiplication par division des touffes en automne ou au printemps, ou par semis en pépinière d'avril en juillet, pour repiquer en pépinière et mettre en place en automne ou au printemps. — VÉRONIQUE MARITIME (*Veronica maritima*). Vivace ; hauteur, 50 à 60 centimètres ; en été, fleurs blanches, roses ou bleues, suivant les variétés, disposées en grappes ; même culture que l'espèce précédente. — VÉRONIQUE ÉLÉGANTE (*Veronica elegans*). Plante vivace de 60 à 80 centimètres de hauteur ; en juin-juillet, jolies fleurs roses ; même culture.— VÉRONIQUE GERMANDRÉE (*Veronica Teucrium*). Plante vivace ; hauteur, 20 à 25 centimètres ; en mai-juin, fleurs bleues en grappes ; même culturé. — VÉRONIQUE PETIT-CHÊNE (*Veronica chamædrys*). Plante vivace, touffue, de 20 à 25 centimètres de hauteur ; fleurs bleues en mai-juin ; même culture. — VÉRONIQUE D'ANDERSON (*Veronica andersoni*). Plante vivace dont les fleurs, d'abord d'un violet clair, deviennent blanches dans la suite ; multiplication par semis ou par boutures.

Verveine. — On trouve dans les jardins plusieurs jolies espèces de ce genre : — VERVEINE DE MIQUELON (*Verbena aubletia*). Plante annuelle, rameuse, de 30 à 40 centimètres de hauteur ; de juin en octobre, jolies

Verveine de Miquelon.

fleurs pourprées ; semis sur couche en mars-avril pour repiquer sur couche et mettre en place en mai-juin, ou semis en septembre en pépinière, pour repiquer en pépinière, hiverner sous châssis et planter à demeure au printemps. — VERVEINE ÉLÉGANTE (*Verbena pulchella*). Plante rameuse, annuelle en pleine terre, de 15 à 20 centimètres de hauteur ; fleurs d'un rose violet ; variété Mahoneti, à fleurs pourprées marquées de raies blanches en étoile ; cette espèce peut se multiplier par semis, comme la précédente, ou par boutures faites en été à l'air libre, ou encore en automne pour hiverner sous châssis. — VERVEINE TEUCRIOÏDE (*Verbena teucrioides*). Annuelle en pleine terre; rameuse; hauteur, 30 à 40 centimètres; en été, grandes fleurs blanches ou rose clair, très odorantes; multiplication par semis en mars-avril sur couche ou en août-septembre en pépinière, ou par boutures. — VERVEINE A FEUILLES INCISÉES (*Verbena incisa*). Fleurs roses inodores; même culture que l'espèce précédente. La Verveine à feuilles incisées a donné avec la Verveine teucrioïde de remarquables variétés hybrides qu'on multiplie généralement par boutures. — VERVEINE CITRONNELLE (*Lippia citriodora*). Arbrisseau s'élevant généralement à 2 mètres de hauteur, produisant en juillet de petites fleurs pourprées dont l'odeur rappelle celle du citron; reproduction par boutures; taille au printemps.

Vigne vierge (*Cissus quinquefolia*). — Arbrisseau grimpant cultivé pour sa verdure; en automne, fleurs insignifiantes, verdâtres; multiplication par marcottes et boutures.

Vinca. — V. Pervenche.

Violette odorante (*Viola odorata*). — Petite plante vivace, touffue, haute de 10 centimètres environ; en mars-avril, fleurs blanches, roses ou violettes, simples ou doubles. Citons parmi les plus belles variétés: la Violette des quatre saisons, qui fleurit plusieurs fois dans l'année; la Violette le Czar; la Violette Reine Victoria, et enfin la Violette de Parme. La Violette odorante se multiplie par division des pieds ou séparation des coulants au printemps ou à la fin de l'été, tous les deux ou trois ans; on peut encore semer en pépinière à l'époque de la maturité des graines, ou de mars en juin en place ou en pépinière; terrain léger à une exposition demi-ombragée.

Violette odorante.

Violette tricolore. — V. Pensée.

Viorne. — Plusieurs arbrisseaux de ce genre sont assez répandus: — VIORNE OBIER (*Viburnum Opulus*). Hauteur, 4 mètres environ; fleurs blanches, en mai; variété Boule de neige, à fleurs blanches réunies en globe; multiplication par marcottes et drageons; taille après la floraison; sol frais de préférence. — VIORNE LAURIER-TIN (*Viburnum Tinus*). Arbrisseau de de 2 à 3 mètres, à feuilles persistantes; en mars-avril,

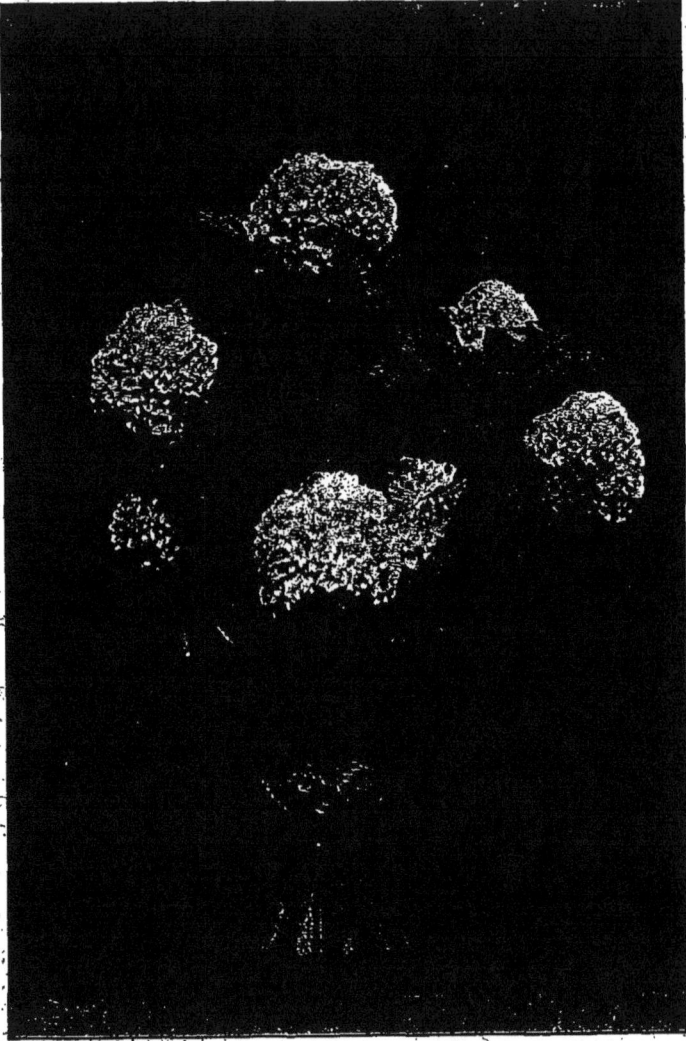

Viorne Obier (Boule de Neige).

petites fleurs rouges à l'extérieur, blanches en dedans ; multiplication par semis, marcottes ou boutures ; terre légère à l'ombre.

Viscaria à œil pourpre (*Viscaria oculata*). — Plante annuelle, touffue, de 30 à 35 centimètres de hauteur; fleurs roses à centre pourpre; variétés à fleurs blanches et à fleurs bleues; semis en avril-mai en place ou en septembre-octobre en pépinière, pour hiverner sous châssis et planter à demeure en avril.

Viscaria Cœli Rosa. — V. Coquelourde Rose du ciel.

Volubilis. — V. Ipomée pourpre.

W

Wahlenbergia grandiflora. — V. Campanule a grosses fleurs.

Waitzie dorée (*Waitzia aurea*). — Plante de 30 à 50 centimètres, cultivée comme annuelle; fleurs jaunes; variété bicolore; semis en mars-avril sur couche et sous châssis; on aère fréquemment; repiquage sur couche, plantation à demeure en mai-juin.

Whitlavie à grandes fleurs, variété bicolore.

Weigelia. — V. Dierville.

Whitlavie à grandes fleurs (*Whitlavia grandiflora*). — Plante annuelle, touffue, de 30 à 50 centimètres de hauteur; fleurs violettes; variété à fleurs blanches; semis soit en mars sur couche pour repiquer sur couche et mettre en place en avril-mai, soit en place en avril-mai; terrain léger à bonne exposition.

Wisteria. — V. Glycine.

X

Xeranthemum. — V. Immortelle.

Ximénesie à fleur d'Encélie (*Ximenesia encelioides*). — Plante annuelle, touffue, de 1 mètre à 1^m,20 de hauteur; de juillet en octobre, fleurs à rayons jaune foncé et disque jaunâtre; semis en place en avril-mai; terrain léger à bonne exposition.

Y

Yucca. — Les Yuccas sont de belles plantes ornementales dont on cultive plusieurs espèces. — YUCCA FILAMENTEUX (*Yucca filamentosa*). Vivace; feuilles dressées terminées en pointes et disposées en rosette; tige s'élevant à 1^m,20, portant, de juillet en septembre, de grandes et belles fleurs d'un blanc verdâtre, très nombreuses; multiplication par séparation des œilletons ou division des touffes en avril-mai; terre saine; exposition chaude et aérée. — YUCCA A FEUILLES MOLLES (*Yucca flaccida*). Vivace; tige de 60 à 80 centimètres portant, de juin en octobre, de grandes fleurs d'un blanc verdâtre; même culture. — YUCCA SUPERBE (*Yucca gloriosa*). Vivace; tige de 70 centimètres à 1 mètre de hauteur; de juillet en septembre, fleurs blanches très nombreuses; même culture.

Z

Zauschnérie de Californie (*Zauschneria californica*). — Plante bisannuelle, touffue, de 20 à 30 centimètres de hauteur; de juillet en octobre, fleurs rouge foncé; semis en avril-mai, ou boutures en automne qu'on hiverne sous châssis; terrain sec.

Zinnia. — Les Zinnias sont annuels et se plaisent dans un sol léger et substantiel à une exposition aérée. — ZINNIA ÉLÉGANT (*Zinnia ele-*

gans). Plante rameuse de 50 à 60 centimètres de hauteur; de juillet en novembre, jolies fleurs de couleurs variables; variétés à fleurs doubles; variétés à grandes fleurs; variétés naines; multiplication par semis sur couche en mars-avril pour repiquer sur couche et mettre en place en mai, ou semis en avril-mai en pépinière ou en place. — ZINNIA MULTIFLORE (*Zinnia multiflora*). Hauteur, 60 à 70 centimètres; de juillet en octobre, petites fleurs rouges; même culture. — ZINNIA DU MEXIQUE (*Zinnia mexicana*). Tiges rameuses de 30 à 40 centimètres; d'août en octobre, nombreuses fleurs à rayons jaunes et à disque brun; variété à fleurs doubles; même culture.

Zinnia élégant à fleurs doubles.

APPENDICE

I. — Calendrier des semis et de la plantation des bulbes et tubercules des fleurs.

Nous indiquons dans ce chapitre les époques les plus favorables au semis des graines et à la plantation des bulbes et tubercules des fleurs traitées dans cet ouvrage; il n'est pas fait mention des autres modes de reproduction tels que division des touffes, bouturage, marcottage, etc., opérations qui se pratiquent presque toujours en automne ou au printemps.

Janvier

On sème parfois sur couche et sous châssis : Balisiers, Bégonias, Chrysanthèmes de l'Inde, Coleus, Sauge argentée.

Ce mois est généralement peu propice aux semis en pleine terre; cependant, on peut semer ou planter, lorsque les froids ne sont pas trop rigoureux : Pied-d'alouette des blés à fleurs doubles, Primevère Auricule, Primevère du Japon, Renoncule (griffes).

Février

On sème sur couche, pendant ce mois : Achyranthes de Verschaffelt, Asclépiade de Curaçao, Asters vivaces, Balisiers, Bégonias, Chrysanthèmes de l'Inde, Coleus, Gynérium argenté, Lophosperme grimpant, Sauge argentée.

En pleine terre : Adonide Goutte-de-sang, Agérate, Anémone (griffes), Pavot somnifère, Pied-d'alouette des blés, Primevère Auricule, Primevère du Japon, Renoncule (griffes).

Mars

On peut déjà semer, sur couche et sous châssis, un assez grand nombre de plantes : Achyranthes de Verschaffelt, Acroclinium rose, Amarantoïde, Argémone à grandes fleurs, Asclépiade de Curaçao, Baguenaudier d'Éthiopie, Balisiers, Basilic, Bégonias, Brachycomé à feuilles d'Ibéride, Broualle élevée, Calcéolaire à feuilles de Scabieuse, Callirhoé à feuilles pédalées, Chénostome, Chrysanthème de l'Inde, Cobée grimpante, Coleus, Cupidone bleue, Datura, Eccrémocarpe grimpant, Énothère à feuilles de Pissenlit, Eupatoire à feuilles molles, Ficoïdes, Gaillarde peinte, Gaura de Lindheimer, Giroflées annuelles, Gynérium argenté, Héliotrope, Immortelle à bractées, Kaulfussie amelloïde, Loasa orangé, Lobélie Erine, Lophosperme grimpant, Martynia, Mauve musquée, Mimules, Nierembergie gracieuse, Nyctérinie à feuilles de Sélagine, Passiflore fleur de la Passion, Pentstémon hybride à grandes fleurs, Pervenche de Madagascar, Pétunia, Phlox de Drummond, Pied-d'alouette vivace hybride, Reine-Marguerite, Rhodanthe de Mangles, Rudbeckie élégante, Sauge argentée, Sauge éclatante, Statice, Stévie, Tagète, Thunbergie ailée, Tigridie à grandes fleurs, Tournefortie Faux-Héliotrope, Tritome Faux-Aloès, Tubéreuse des jardins, Verveines, Waitzie dorée, Whitlavie à grandes fleurs, Zinnia.

En pleine terre, on peut commencer à semer plusieurs espèces : Abronie à ombelles, Adonide Goutte-de-sang, Agérate, Anémone (semis ou griffes), Bégonias (tubercules sous châssis), Clarkie, Collinsie, Collomie, Coréopsis, Cynoglosse à feuilles de Lin, Eschscholtzie de Californie, Gesse odorante, Gilias, Glaïeul florifère (bulbes), Glaïeul de Gand (bulbes), Glaïeul de Lemoine (bulbes), Glaucie jaune, Lavatère en arbre, Leptosiphons, Linaire pourpre, Lis (bulbes), Lotier pourpre, Muflier à grandes fleurs, Némophiles, Nigelle, Pavot somnifère, Pensées, Pieds-d'alouette annuels, Primevère Auricule, Primevère du Japon, Renoncule (griffes), Saponaire de Calabre, Silène à fruits pendants, Souci des jardins, Thlaspis annuels, Tigridie à grandes fleurs (bulbes), Valériane macrosiphon, Verge-d'or, Véronique de Syrie, Violette odorante.

Avril

On sème sur couche et sous châssis : Acroclinium rose, Amarante tricolore, Amarante Crête-de-coq, Amarantoïde, Baguenaudier d'Ethiopie, Balisiers, Basilic, Bégonias, Brouallia élevée, Centaurées annuelles, Chrysanthèmes de l'Inde, Cosmos bipinné, Cupidone bleue, Datura, Dolique, Enothère à feuilles de Pissenlit, Eupatoire, Gaillarde peinte, Gaura de Lindheimer, Gutierrézie gymnospermoïde, Lobélie Erine, Martynia, Mauve rouge, Mimules, Nyctérinie à feuilles de Sélagine, Œillet de Chine, Œillet de Gardner, Œillet superbe, Pervenche de Madagascar, Pétunia, Phlox de Drummond, Pied-d'alouette vivace hybride, Podolépis, Ricin, Rudbeckie élégante, Sanvitalie rampante, Sauge éclatante, Sensitive pudique, Statice, Stévie, Tabac, Tagète, Thunbergie ailée, Trigidie à grandes fleurs, Tithonie à fleurs de Tagète, Tournefortie Faux-Héliotrope, Tritome Faux-Aloès, Vénidium à fleur de Souci, Verveines, Waitzie dorée, Zinnia.

En pleine terre : Adonide Goutte-de-sang, Agérate, Alstrœmère, Alysse Corbeille-d'argent, Amarante Queue-de-renard, Amarante gigantesque, Ancolies, Anémone (semis ou griffes), Arabette printanière, Arénaire, Argémone à grandes fleurs, Aspérule odorante, Asphodèle, Balisiers (tubercules sous châssis), Balsamine, Bégonia (tubercules sous châssis), Belle-de-jour, Belle-de-nuit, Benoîte écarlate, Boltonie, Boussingaultie à feuilles de Baselle (tubercules), Brunelle à grandes fleurs, Buglosse d'Italie, Buphthalme à grandes fleurs, Cacalie écarlate, Calandrinie, Callirhoé à feuilles pédalées, Campanule, Capucines, Carthame des teinturiers, Casse du Maryland, Centaurées, Céraiste, Chrysanthèmes, Clarkie, Clintonie délicate, Colchique, Collinsie, Collomie, Coquelourde, Coréopsis, Coronille, Corydalle jaune, Corydalle glauque, Crépide, Crucianelle à long style, Cyclamen, Cynoglosse à feuilles de Lin, Dahlia (tubercules), Dielytre remarquable, Digitale, Doronic, Dracocéphale de l'Altaï, Dracocéphale de Moldavie, Enothère glauque, Enothère rose, Enothère à grandes fleurs, Epervière orangée, Erigéron, Erine des Alpes, Erodium, Erysimum de Petrowski, Eschscholtzie, Eucharidion, Eutoque visqueuse, Fenzlie à fleur d'Œillet, Ficoïde glaciale, Gaillarde vivace, Galéga, Gentiane, Géranium, Gesse, Gilias, Giroflées annuelles, Glaïeul florifère (bulbes), Glaïeul de Gand (bulbes), Glaïeul de Lemoine (bulbes), Glaucie jaune, Gnaphalium des Alpes, Godéties, Gypsophile paniculée, Hélénie d'automne, Immortelles annuelles, Ipomées, Joubarbe des toits, Juliennes, Kaulfussie amelloïde, Ketmie, Lavatère à grandes fleurs, Lavatère en arbre, Leptosiphons, Ligulaire, Lins, Linaire pourpre, Loasa orangé, Lobélies, Lotier pourpre, Lupins, Lychnide Croix-de-

Jérusalem, Lychnide laciniée, Lysimaque commune, Madia élégant, Malope à trois lobes, Mauve d'Alger, Mauve frisée, Mélitte des bois, Millepertuis à grandes fleurs, Molène purpurine, Monarde, Monolopia de Californie, Morée de la Chine, Morine à longues feuilles, Muflier à grandes fleurs, Muguet de mai, Myosotis des marais, Némésie floribonde, Némophile, Nigelle, Nolane à feuilles d'Arroche, Œillet des fleuristes, Œillet de Chine, Œillet de Gardner, Œillet superbe, Orobe printanier, Oxalide à fleurs roses, Oxalide florifère, Oxalide de Deppe (bulbes), Pavots annuels, Pavot Cambrique, Pensée, Pentstémons vivaces, Persicaire du Levant, Pétunia, Phalangère, Phlomide, Phlox de Drummond, Pieds-d'alouette annuels, Pied-d'alouette élevé, Pied-d'alouette vivace à grandes fleurs, Pivoine, Podolépis, Polémoine bleue, Potentille, Pourpier à grandes fleurs, Primevère des jardins, Primevère à grandes fleurs, Primevère Auricule, Primevère à feuilles de Cortuse, Pyrèthre, Reine-Marguerite, Renoncule, Sainfoin d'Espagne, Salicaire commune, Salpiglossis à feuilles sinuées, Saponaire, Sauge Hormin, Saxifrage Cotylédon, Saxifrage mousseuse, Saxifrage granulée, Scabieuse, Schizanthe, Scutellaire à grandes fleurs, Sédum, Senecon d'Afrique, Shortie de Californie, Silène Arméria, Silène à fruits pendants, Silphium à feuilles lacinées, Soleil Tournesol, Souci des jardins, Statice, Tabac, Tagète, Thlaspis, Thym, Tigridie à grandes fleurs (bulbes), Trolle, Tussilage odorant, Valérianes, Varaire, Vénidium à fleur de Souci, Verge-d'or, Vernonie, Véroniques, Violette odorante, Viscaria à œil pourpre, Whitlavie à grandes fleurs, Ximénésie à fleur d'Encélie, Zauschnérie de Californie, Zinnia.

Mai

La température est généralement assez douce à cette époque pour qu'il soit inutile de recourir aux couches.

On sème en pleine terre : Achillée, Aconit, Adonide de printemps, Agérate, Alstrœmère, Alysse Corbeille-d'or, Alysse Corbeille-d'argent, Amarante Queue-de-renard, Amarante gigantesque, Amaryllis Lis Saint-Jacques (bulbes), Amaryllis de Guernesey (bulbes), Ancolies, Anémone (semis ou griffes), Arabette printanière, Arénaire, Argémone à grandes fleurs, Aspérule odorante, Asphodèle, Balisiers (tubercules sous châssis), Balsamine, Bégonia (tubercules), Belle-de-jour, Belle-de-nuit, Benoîte écarlate, Brunelle à grandes fleurs, Buglosse d'Italie, Buphthalme à grandes fleurs, Cacalie écarlate, Caladium comestible (tubercules), Calandrinie, Campanule, Capucines, Carthame des teinturiers, Casse du Maryland, Centaurées, Ceraiste, Choux frisés et panachés, Chrysanthèmes, Cinéraire maritime, Clintonie délicate, Colchique, Collinsie, Coquelourde, Coronille, Corydalle jaune, Corydalle glauque, Crucianelle à long style, Cyclamen, Dahlia (tubercules), Diélytre remarquable, Digitale, Doronic, Echinope Boule azurée, Enothère glauque, Enothère rose, Epervière orangée, Epilobe, Erigéron, Erine des Alpes, Erodium, Erysimum de Petrowski, Eschscholtzie à feuilles menues, Eucharidion, Eutoque visqueuse, Ficoïde glaciale, Gaillarde vivace, Galéga, Gentiane, Géranium, Gesse, Gilias, Giroflées, Glaucie jaune, Godéties, Gypsophile paniculée, Haricot d'Espagne, Hélénie d'automne, Immortelle annuelle, Ipomées, Joubarbe des toits, Juliennes, Kaulfussie amelloïde, Ketmie, Lavatère à grandes fleurs, Lavatère d'Hyères, Liatride à épi serré, Ligulaire, Lins, Linaire pourpre, Lobélie cardinale, Lotier pourpre, Lunaire annuelle, Lupins, Lychnides, Madia élégant, Malope à trois lobes, Mauve d'Alger, Mauve frisée, Mélitte des bois, Millepertuis à grandes fleurs, Mimule musqué, Molène purpurine, Monarde, Monolopia de Californie, Morée de la Chine, Morine à longues feuilles, Muguet de mai, Myosotis des marais, Némésie floribonde, Némophiles, Nigelle, Nolane à feuilles d'Arroche, Œillet des fleuristes, Œillet de poète, Œillet de Chine, Œillet superbe, Orobe printanier, Oxalide à fleurs roses, Oxalide florifère, Pavots, Pentstémons vivaces, Pétunia, Phalangère, Phlomide, Phlox de Drummond,

Pied-d'alouette élevé, Pied-d'alouette vivace à grandes fleurs, Pivoine, Podolépis, Polémoine bleue, Potentille, Pourpier à grandes fleurs, Primevère des jardins, Primevère à grandes fleurs, Primevère Auricule, Primevère à feuilles de Cortuse, Primevère de Chine, Pyrèthre, Reine-Marguerite, Renoncule, Réséda, Rudbeckie élégante, Sainfoin d'Espagne, Salicaire commune, Salpiglossis à feuilles sinuées, Saponaire officinale, Saponaire à feuilles de Basilic, Sauge Hormin, Sauge éclatante, Saxifrage Cotylédon, Saxifrage mousseuse, Saxifrage granulée, Scabieuse, Schizanthe, Scutellaire à grandes fleurs, Sédum, Séneçon d'Afrique, Silène Arméria, Silphium, à feuilles laciniées, Soldanelle des Alpes, Soleil Tournesol, Souci des jardins, Statice, Tabac, Tagète, Thlaspis, Thym, Trolle, Tussilage odorant, Valérianes, Varaire, Vénidium à fleur de Souci, Verge-d'or, Vernonie, Véroniques, Violette odorante, Viscaria à œil pourpre, Whitlavie à grandes fleurs, Ximénésie à fleur d'Encélie, Zauschnérie de Californie, Zinnia.

Juin

Pendant ce mois on sème en pleine terre les espèces suivantes : Achillée, Aconit, Adonide de printemps, Alstrœmère, Alysse Corbeille-d'or, Amaryllis Belladone (bulbes), Amaryllis agréable (bulbes), Amaryllis jaune (bulbes), Ancolies, Anémone (semis ou griffes), Arabette printanière, Arénaire, Asclépiades vivaces, Aspérule odorante, Asphodèle, Balisiers (tubercules sous châssis), Bégonias (tubercules), Belle-de-jour, Benoîte écarlate, Brunelle à grandes fleurs, Buglosse d'Italie, Buphthalme à grandes fleurs, — Calcéolaire hybride, Campanule, Céraiste, Chrysanthèmes de l'Inde, Cinéraire hybride, Cinéraire maritime, Colchique, Coquelourde, Coronille, Corydalle jaune, Corydalle glauque, Crucianelle à long style, Cupidone bleue, Cyclamen, Doronic, Dracocéphale de Virginie, Echinope Boule azurée, Enothère glauque, Enothère rose, Epilobe, Erigéron, Fraxinelle, Galane, Galéga, Gentiane, Gesse, Giroflées bisannuelles, Gypsophile, Hélénie d'automne, Joubarbe des toits, Julienne des jardins, Ketmie, Lavatère d'Hyères, Liatride écailleuse, Ligulaire, Lin vivace, Linaire pourpre, Lobélie cardinale, Lunaire annuelle, Lupin polyphylle, Lychnides, Maurandies, Mélitte des bois, Mimule musqué, Molène purpurine, Monarde, Morée de la Chine, Morine à longues feuilles, Muguet de mai, Myosotis des marais, Myosotis des Alpes, Némophiles, Œillet de poète, Œillet superbe, Orobe printanier, Oxalide à fleurs roses, Oxalide florifère, Pavot Cambrique, Pentstémons vivaces, Phalangère, Phlomide, Pied-d'alouette élevé, Pivoine, Polémoine bleue, Primevère Auricule, Primevère à feuilles de Cortuse, Primevère de Chine, Pyrèthre Parthenium, Renoncule, Réséda, Rose trémière, Rudbeckie élégante, Salicaire commune, Saponaire officinale, Saponaire à feuilles de Basilic, Sauge éclatante, Saxifrage Cotylédon, Saxifrage mousseuse, Saxifrage granulée, Scabieuse du Caucase, Scille du Péron (bulbes), Scutellaire à grandes fleurs, Sédum, Silène d'Orient, Silphium à feuilles laciniées, Soldanelle des Alpes, Statice, Tagète, Thlaspi, vivace, Thym, Tritome Faux-Aloès, Trolle, Tussilage odorant, Valérianes vivaces, Varaire, Verge-d'or, Verveine, Véroniques vivaces, Violette odorante.

Juillet

On peut semer en pleine terre : Achillée, Aconit, Alysse Corbeille-d'or, Amaryllis Belladone (bulbes), Amaryllis agréable (bulbes), Amaryllis jaune (bulbes), Anémone, Arabette printanière, Arénaire, Asclépiades vivaces, Aspérule odorante, Bégonias (tubercules), Bulbocode printanier (bulbes), Calcéolaire hybride, Chrysanthèmes de l'Inde, Cinéraire hybride, Colchique, Coquelourde Fleur-de-Jupiter, Corydalle bulbeuse (tubercules), Corydalle tubéreuse (tubercules), Crucianelle à long style, Cupidone bleue, Cyclamen (graines et tubercules), Epilobe, Erigéron, Ethionème, Fraxinelle, Galane, Géranium tubéreux (tubercules), Glaucie jaune, Julienne des jardins, Lin vivace, Lis blanc commun (bulbes), Lis à longues fleurs (bulbes), Maurandies, Mélitte des bois, Molène purpurine, Morée de la Chine, Muscari (bulbes), Myosotis des Alpes, Narcisse (bulbes), Œillet superbe, Pâquerette vivace, Pavot Cambrique, Pensées, Pentstémon hybride à grandes fleurs, Phalangère, Pied-d'alouette élevé, Pivoine, Polémoine bleue, Primevère du Japon, Primevère à feuilles de Cortuse, Primevère de Chine, Pyrèthre Parthenium, Renoncule, Rose trémière, Salicaire commune, Saponaire à feuilles de Basilic, Sauge éclatante, Saxifrage Cotylédon, Saxifrage mousseuse, Scabieuse du Caucase, Scille d'Italie (bulbes), Scille agréable (bulbes), Scille campanulée (bulbes), Silène d'Orient, Silène à fruits pendants, Tritome Faux-Aloès, Valérianes vivaces, Verge-d'or, Véroniques vivaces.

Août

On sème ou plante en pleine terre pendant ce mois : Abronie à ombelles, Adonide Goutte-de-sang, Ail (bulbes), Alysse Corbeille-d'argent, Bulbocode printanier (bulbes), Calcéolaire hybride, Colchique (bulbes), Corydalle bulbeuse (tubercules), Corydalle tubéreuse (tubercules), Crocus élégant (bulbes), Crocus nudiflore (bulbes), Crocus d'automne (bulbes), Cyclamen (graines et tubercules), Ethionème, Ficoïde tricolore, Géranium tubéreux (tubercules), Glaucie jaune, Gyroselle de Virginie, Lis (bulbes), Lobélie, Maurandies, Mimules, Muscari (bulbes), Myosotis des marais, Myosotis des Alpes, Narcisse (bulbes), Œillet de Gardner, Œillet superbe, Pâquerette vivace, Pensées, Pentstémon hybride à grandes fleurs, Pied-d'alouette vivace hybride, Pivoine, Primevère du Japon, Rose trémière, Scabieuse fleur des veuves, Scille d'Italie (bulbes), Scille agréable (bulbes), Scille campanulée (bulbes), Silène à fruits pendants, Tournefortie Faux-Héliotrope, Trachélie bleue, Tulipes (bulbes), Verveines.

Septembre

A cette époque on peut semer ou planter en pleine terre : Adonide Goutte-de-sang, Ail (bulbes), Bulbocode printanier (bulbes), Centaurée d'Amérique, Centaurée Bleuet, Clarkie, Collinsie, Collomie, Coquelourde Rose-du-ciel, Cortuse de Matthiole, Corydalle bulbeuse (tubercules), Corydalle tubéreuse (tubercules), Crépide, Crocus des fleuristes (bulbes), Cyclamen (tubercules), Cynoglosse à feuilles de Lin, Enothère à grandes fleurs, Ficoïde tricolore, Fuchsia, Géranium tubéreux (tubercules), Gilias, Giroflées annuelles, Glaïeul cardinal (bulbes), Glaïeul de Colville (bulbes), Glaucie jaune, Gyroselle de Virginie, Hellébore odorant, Jacinthe d'Orient (graines et bulbes), Julienne de Mahon, Kaulfussie ammelloïde, Leptosiphons, Lin à grandes fleurs, Linaire pourpre, Lobélie, Matricaire inodore, Mimules, Morine à longues feuilles, Muscari (bulbes), Myosotis des marais, Myosotis des Alpes, Narcisse (bulbes), Némésie floribonde, Némophiles, Nivéole (bulbes), Nyctérinie à feuilles de Sélagine, Œillet de Gardner, Ornithogale (bulbes), Oxalide à fleurs roses, Oxalide florifère, Pavots annuels, Pélargoniums, Pensées, Pieds-d'alouette annuels, Pied-d'alouette vivace hybride, Pivoine, Primevère du Japon, Sauge azurée, Scabieuse fleur des veuves, Schizanthe, Seneçon d'Afrique, Silène Arméria, Silène à fruits pendants, Souci des jardins, Thlaspis annuels, Trachélie bleue, Tulipe (graines et bulbes), Valériane macrosiphon, Verge-d'or, Véronique de Syrie, Verveines, Viscaria à œil pourpre.

Octobre

En pleine terre on peut encore semer ou planter pendant ce mois les espèces suivante : Adonide Goutte-de-sang, Ail (bulbes), Clarkie, Collinsie, Collomie, Cortuse de Matthiole, Corydalle bulbeuse (tubercules), Corydalle tubéreuse (tubercules), Crocus des fleuristes (bulbes), Fuchsia, Galantine Perce-neige (bulbes), Géranium tubéreux (tubercules), Glaïeul commun (bulbes), Glaïeul de Constantinople (bulbes), Glaïeul cardinal (bulbes), Glaïeul de Colville (bulbes), Hellébore odorant, Ixins (bulbes), Jacinthe d'Orient (bulbes), Leptosiphons, Morine à longues feuilles, Narcisse (bulbes), Némophiles, Nivéole (bulbes), Ornithogale (bulbes), Pensées, Phlox pyramidal, Phlox paniculé, Phlox acuminé, Phlox vivace hybride, Phlox à feuilles ovales, Pieds-d'alouette annuels, Primevère du Japon, Souci des jardins, Thlaspis annuels, Tulipe (graines et bulbes), Verge-d'or, Viscaria à œil pourpre.

Novembre

En novembre, on ne sème ou plante qu'un petit nombre d'espèces : Crocus des fleuristes (bulbes), Glaïeul commun (bulbes), Glaïeul de Constantinople (bulbes), Jacinthe d'Orient (bulbes), Narcisse (bulbes) Phlox pyramidal, Phlox paniculé, Phlox acuminé, Phlox vivace hybride, Phlox à feuilles ovales, Pied-d'alouette des blés à fleurs doubles, Primevère du Japon, Tulipe (bulbes).

Décembre

Les semis et plantations sont assez rares pendant ce mois, cependant on peut semer ou planter lorsque le sol n'est pas durci par la gelée : Crocus des fleuristes (bulbes), Glaïeul commun (bulbes), Glaïeul de Constantinople (bulbes), Primevère Auricule, Primevère du Japon, Renoncule (griffes).

II. — Plantes convenant à la formation des bordures.

Agérates nains.
Alysse Corbeille-d'or.
Alysse Corbeille-d'argent.
Arabette des Alpes.
Aspérule odorante.
Aster de Reevers,
Aster des Alpes.
Basilic.
Belle-de-jour.

Belle-de-nuit des jardins.
Brachycomé à feuilles d'Ibéride.
Buis.
Campanule des Carpathes.
Campanules naines.
Capucines naines.
Centaurea candidissima.
Céraiste à grandes fleurs.
Céraiste cotonneux.

Cinéraire maritime.
Clarkie gentille.
Collinsie.
Coquelourde Fleur-de-Jupiter.
Coquelourde Rose-du-ciel.
Coréopsis élégant nain compact.
Crépide rose.
Crocus de printemps.
Crocus d'automne.
Cynoglosse à feuilles de Lin.
Cynoglosse printanière.
Epervière orangée.
Ethionème du Liban.
Ethionème à grandes fleurs.
Galantine Perce-neige.
Gentiane acaule.
Gilias.
Godéties naines.
Julienne de Mahon.
Lobélie Erine.
Mimules.
Muguet de mai.
Myosotis.
Némophiles.
Nigelle de Damas.

Nyctérinie à feuilles de Sélagine.
Œillets.
Oxalide à fleurs roses.
Oxalide de Deppe.
Pâquerette vivace.
Pensées.
Phlox de Drummond.
Phlox printanier.
Pied-d'alouette nain.
Primevère des jardins.
Primevère à grandes fleurs
Primevère Auricule.
Pyrèthre Parthenium nain
Saxifrage mousseuse.
Seneçon pourpre.
Silène Arméria.
Silène à fruits pendants.
Statice Arméria.
Tagète Œillet d'Inde.
Tagète Rose d'Inde.
Tagète tachée.
Thym commun.
Véronique de Syrie.
Verveine de Miquelon.
Violette odorante.

III. — Principales plantes employées en mosaïculture

Achyranthes.
Alternanthera.
Agérates nains.
Alysse Corbeille-d'argent.
Alysse Corbeille-d'or.
Basilic nain.
Calcéolaire à feuilles rugueuses.
Campanule des Carpathes.
Céraiste cotonneux.
Cinéraire maritime candidissima.
Coleus.
Echévérie glauque.

Joubarbe.
Lobélie Erine.
Nierembergie gracieuse.
Phlox de Drummond.
Pyrèthre Parthenium doré.
Sanvitalie rampante.
Saponaire de Calabre.
Saxifrage mousseuse.
Sedum acre.
Statice Arméria.
Verveine hybride.

IV. — Plantes grimpantes

Aristoloche siphon.
Bignones.
Boussingaultie à feuilles de Baselle.

Calystégie pubescente.
Capucine grande.
Capucine de Lobb.

Chèvrefeuille commun.
Clématites.
Cobée grimpante.
Dolique d'Égypte.
Eccrémocarpe grimpant.
Gesse odorante.
Gesse à larges feuilles.
Glycine.
Gourde de pèlerin.
Haricot d'Espagne.
Houblon.
Igname de Chine.
Ipomée pourpre.
Ipomée remarquable.
Ipomée du Mexique.

Ipomée à feuilles de Lierre.
Ipomée Quamoclit.
Jasmin.
Kerria du Japon.
Lierre commum.
Loasa orangé.
Lophosperme grimpant.
Lyciet commun.
Maurandrie.
Passiflore fleur de la Passion.
Oxypétalum bleu.
Pétunia à fleurs violettes.
Rosiers (plusieurs espèces).
Thunbergie ailée.
Vigne vierge.

Plantes bulbeuses diverses

TABLE DES MATIÈRES

DEUXIÈME PARTIE. — CULTURES SPÉCIALES

APPENDICE

Paris. — Imp. Larousse, rue Montparnasse, 17.

AGRICULTURE

L'ENSEIGNEMENT AGRICOLE

Au degré primaire

Par RÉNÉ LEBLANC

INSPECTEUR GÉNÉRAL DE L'INSTRUCTION PUBLIQUE
POUR L'ENSEIGNEMENT MANUEL ET EXPÉRIMENTAL

Dans la première partie du livre, M. Réné Leblanc, dont la haute compétence est bien connue, a indiqué ce que peut et doit être l'enseignement agricole dans les écoles primaires élémentaires, dans les écoles normales, dans les écoles primaires supérieures et pour les adultes. Dans la seconde, il

Culture de haricots en terre stérile.
Le n° 1 n'a reçu aucun engrais, c'est le témoin. Le n° 2 a reçu l'engrais complet;
il manque : au n° 3, l'acide phosphorique; au n° 4, l'azote; au n° 5, la potasse.

a réuni les expériences scientifiques et agricoles à réaliser en classe sur les sujets inscrits aux programmes officiels. La troisième partie renferme de nombreux documents relatifs à l'enseignement agricole au degré primaire.

Un volume in-8°, illustré de 60 gravures et de 4 planches en couleurs, broché . . . . **2 fr. 50**
Extrait de l'**Enseignement agricole**. Expériences scientifiques et agricoles pour l'Ecole primaire. (Commentaire illustré des programmes officiels) . . . . » **45**

LE LIVRE D'AGRICULTURE

Par CUNISSET-CARNOT

MEMBRE DE LA SOCIÉTÉ DES AGRICULTEURS DE FRANCE
CHEVALIER DU MÉRITE AGRICOLE

Lectures agricoles. — Explications. — Excursions. — Expériences. — Observations pratiques. — Rédactions, problèmes et dictées sur l'agriculture donnés aux examens du Certificat d'études. — Tableaux synoptiques. — Animaux et végétaux. — 450 Gravures. — 20 Tableaux synoptiques (dont 4 en couleurs). — Prix . . . . **1 fr. 40**

Envoi franco *au reçu d'un mandat-poste.*

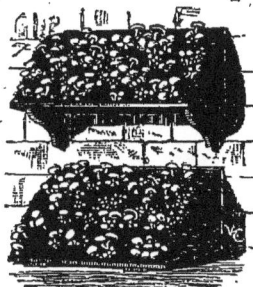

Bibliothèque
Rurale